新能源类专业教学资源库建设配套教材

风力发电机组控制技术

李良君　主编
戴裕崴　主审

化学工业出版社
·北京·

本教材基于大型风电机组常用机型，系统介绍了风力发电机组控制系统及其执行机构和传感器，着重详细介绍了各子系统的控制原理、控制要求、控制策略和方法以及控制过程，对风力发电机组的相关并网技术做了比较深入的阐释。

本教材配套了相关的二维码，适合作为高职高专风力发电相关专业以及新能源相关专业学生的教材。

图书在版编目（CIP）数据

风力发电机组控制技术/李良君主编. —北京：化学工业出版社，2019.2

新能源类专业教学资源库建设配套教材

ISBN 978-7-122-33631-6

Ⅰ.①风… Ⅱ.①李… Ⅲ.①风力发电机-发电机组-控制系统-高等职业教育-教材 Ⅳ.①TM315

中国版本图书馆CIP数据核字（2019）第003126号

责任编辑：刘　哲　　　装帧设计：韩　飞

责任校对：王鹏飞

出版发行：化学工业出版社（北京市东城区青年湖南街13号　邮政编码100011）

印　　装：河北鹏润印刷有限公司

787mm×1092mm　1/16　印张10　字数232千字　2019年3月北京第1版第1次印刷

购书咨询：010-64518888　　售后服务：010-64518899

网　　址：http://www.cip.com.cn

凡购买本书，如有缺损质量问题，本社销售中心负责调换。

定　　价：32.00元

建设单位名单

天津轻工职业技术学院（牵头单位）
佛山职业技术学院（牵头单位）
酒泉职业技术学院（牵头单位）

（以下按照汉语拼音排列）
包头职业技术学院
常州轻工职业技术学院
哈尔滨职业技术学院
湖南电气职业技术学院
兰州职业技术学院
乐山职业技术学院
秦皇岛职业技术学院
衢州职业技术学院

新能源类专业教学资源库建设配套教材

序

随着传统能源日益紧缺，新能源的开发与利用得到世界各国的广泛关注，越来越多的国家采取鼓励新能源发展的政策和措施，新能源的生产规模和使用范围正在不断扩大。《京都议定书》签署后，新的温室气体减排机制将进一步促进绿色经济以及可持续发展模式的全面进行，新能源将迎来一个发展的黄金年代。

当前，随着中国的能源与环境问题日趋严重，新能源开发利用受到越来越高的关注。新能源一方面可以作为传统能源的补充，另一方面可以有效降低环境污染。我国新能源开发利用虽然起步较晚，但近年来也以年均超过 25% 的速度增长。自《可再生能源法》正式生效后，政府陆续出台一系列与之配套的行政法规和规章来推动新能源的发展，中国新能源行业进入发展的快车道。

中国在新能源和可再生能源的开发利用方面已经取得显著进展，技术水平已有很大提高，产业化已初具规模。

新能源作为国家加快培育和发展的战略性新兴产业之一，国家已经出台和即将出台的一系列政策措施，将为新能源发展注入动力。随着投资光伏、风电产业的资金、企业不断增多，市场机制不断完善，“十三五”期间光伏、风电企业将加速整合，我国新能源产业发展前景乐观。

2015 年根据教育部教职成函【2015】10 号文件《关于确定职业教育专业教学资源库 2015 年度立项建设项目的通知》，天津轻工职业技术学院联合佛山职业技术学院和酒泉职业技术学院以及分布在全国的 10 大地区、20 个省市的 30 个职业院校，建设国家级新能源类专业教学资源库，得到了 24 个行业龙头、知名企业的支持，建设了 18 门专业核心课程的教育教学资源。

新能源类专业教育教学资源库开发的 18 门课程，是新能源类专业教学中应用比较广、涵盖专业知识面比较宽的课程。18 本配套教材是资源库海量颗粒化资源应用的一个方面，教材利用资源库平台，采用手机 APP 二维码调用资源库中的视频、微课等内容，充分满足学生、教师、企业人员、社会学习者时时、处处学习的需求，大量的资源库教育教学资源可以通过教材的信息化技术应用到全国新能源相关院校的教学过程，为我国职业教育教学改革做出贡献。

戴裕崴

2017 年 6 月 5 日

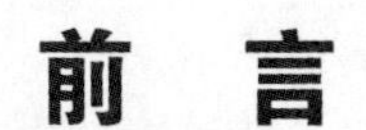

前 言

风能作为可再生的清洁能源，越来越受到关注，而风力发电是风能利用最重要的形式。风力发电机组的控制技术是风电系统产品研发和设计的关键和核心。随着风力发电技术的不断发展，风力发电机组控制技术也成为近年来风力发电技术的研究重点之一。

本教材基于大型风电机组常用机型，在风力机的空气动力学原理和能量转换原理的基础上，系统地介绍了风力发电机组控制系统及其执行机构和传感器，着重详细介绍了控制系统中各子系统的控制原理、控制要求、控制策略和方法以及控制过程，对风力发电机组的相关并网技术做了比较深入的阐释。本教材共分为四章二十四节，使读者不仅仅从理论上了解风力发电机组的控制技术，还能够对实际运行的机组控制系统有比较直观深入的了解，更加适用于高职高专学生，浅显易懂，能够从行业现状、企业实际需求角度对学生提出要求。

由天津轻工职业技术学院主持，酒泉职业技术学院、哈尔滨职业技术学院、新疆职业大学、包头职业技术学院、湖南电气职业技术学院、天津中德应用技术大学等参与建设和应用推广的“国家职业教育新能源类专业教学资源库（网址：http：//xny. tjlivtc. edu. cn）”标准课程“风力发电机组控制技术”，已于2018年5月通过验收，并被新能源类专业教学资源库授予“优质标准化课程”。该课程资源包括文档、ppt、图片、微课、视频、动画、互动仿真等，其中微课、视频、动画、互动仿真等非文本类资源占资源总数的53. 7%。本教材为其配套产品，书中配有二维码，可即扫即学。

本教材建议学时数为56学时。

本书由李良君任主编，参与编写的人员有王欣、张润华、孙艳、程明杰。全书所有章节由李良君负责统稿，由天津轻工职业技术学院院长戴裕崴负责审稿。

本教材在编写过程中，得到了风电企业及其工程师的大力协助，在此对他们表示衷心的感谢，尤其要感谢天津明阳风电设备有限公司、天津瑞能电气有限公司和歌美飒风电（天津）有限公司，感谢何昌国、任光绪、陈旭等领导和工程师，感谢所有为我们提供参考资料的学生。

限于编者水平有限，书中定有不少疏漏和不妥，恳请读者批评指正。

编 者

2018年11月

前言

目 录

第一章

风力发电基本理论

第一节 风力发电简介

我国风力发电始于20世纪50年代后期，在吉林、辽宁、新疆等地建成了几个小型风力发电场，单台容量在10kW以下。其后，由于各方面的影响，我国的风力发电处于停滞状态。70年代中期以后，国家对风力发电重又给予了重视与支持。这段时期基本都是独立运行的机组。

1986年，在山东荣成，我国第一座并网运行的风电场建成，并网运行的风电场建设进入探索和示范阶段。但是规模和单机容量均较小。到1990年，已建成4座并网型风电场，总装机容量为4.215MW，其最大单机容量为200kW。

1991年起开始步入逐步推广阶段，到1995年，最大单机容量达到500kW。1996年后，进入了扩大建设规模的阶段，风电场规模和装机容量均较大，最大单机容量由百千瓦级进入兆瓦（千千瓦）级时代。

2008年，上海东海大桥10万千瓦海上风电场并网发电，这是国内第一座海上风电场。

目前，我国已有甘肃酒泉、蒙东、蒙西、东北、河北、新疆、江苏、山东等多个千万千瓦风电基地。

经过多年的技术积累和资本投入，国内风电设备生产水平不断提高，兆瓦级风力发电机组等科技难关被相继攻克。风电设备的国产化，带动了国内风电技术水平和运营质量的快速提升。目前，国内风力发电机组普遍采用当今世界主流技术，世界领先的3MW机和海上风电项目均在国内落户。

一、风力发电基本过程

风力发电是一个由风力机（风机）将捕获到的风能转化为机械能，并通过齿轮箱等传动机构将机械能传递给发电机，再由发电机将机械能转换为电能的过程，如图1-1所示。

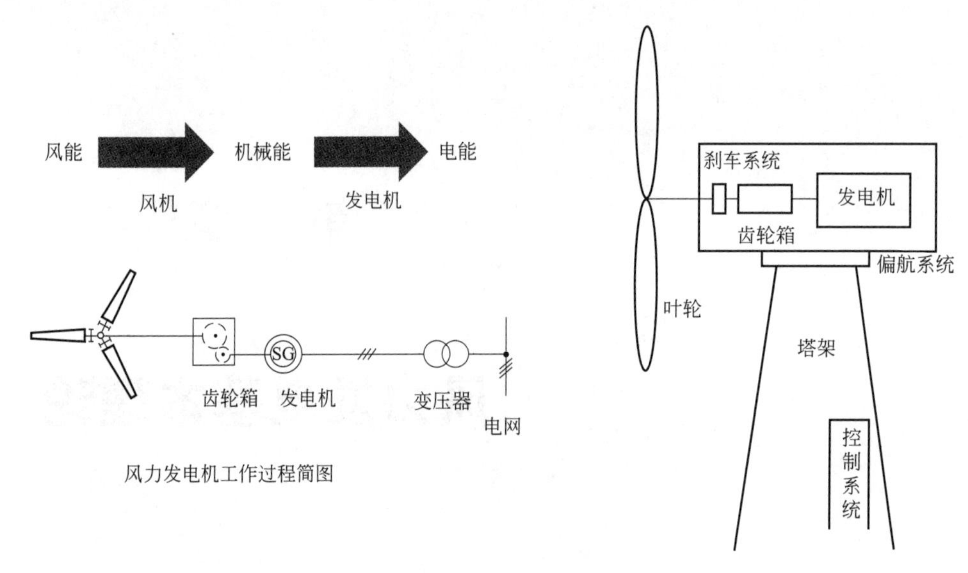

图 1-1 风力发电基本原理示意图

由于兆瓦级风力发电机组齿轮箱损坏率较高，因此有了直驱式风力发电机组（无齿轮箱）。风轮将风能转换为机械能后，直接传递给低速多极同步发电机（不再经过齿轮箱增速），再由发电机将机械能转换为电能。

二、风力发电机组简介

1. 风力发电机组总体结构

风力发电机组总体结构如图 1-2 所示。

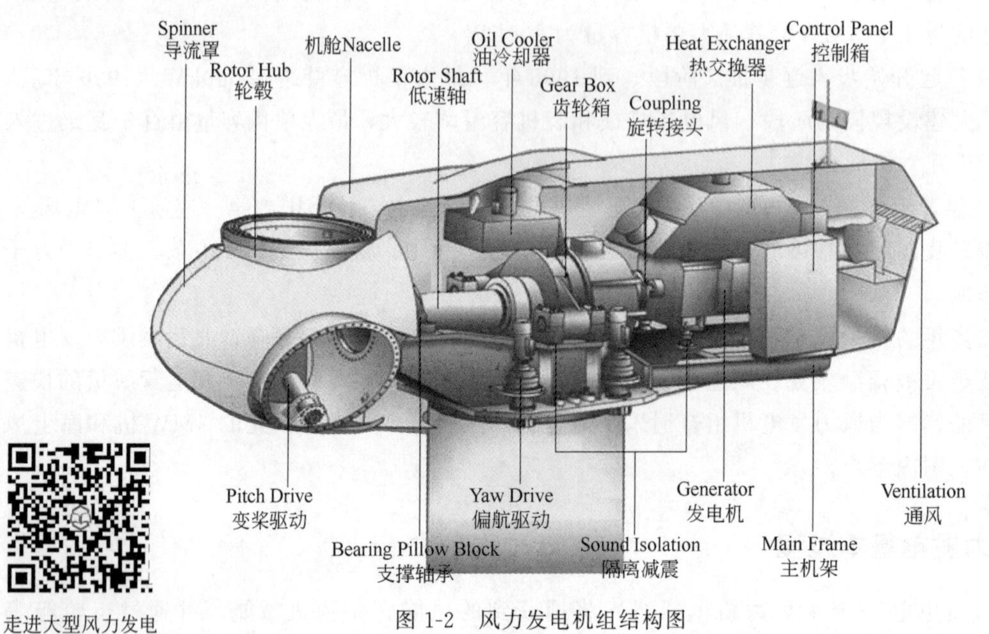

走进大型风力发电机组

图 1-2 风力发电机组结构图

2. 风力发电机组分类

风力发电机组，按风轮叶片分类，有定桨型和变桨型；按风轮转速分类，有定速型和变速型；按传动机构分类，有齿轮箱升速型和直驱型；按发电机分类，有异步型和同步型；按并网方式分类，有并网型和离网型。

3. 常见的风力发电机类型

风力发电机常见的有笼型异步发电机、双馈式风力发电机和永磁直驱同步发电机，其原理图如图 1-3～图 1-5 所示。

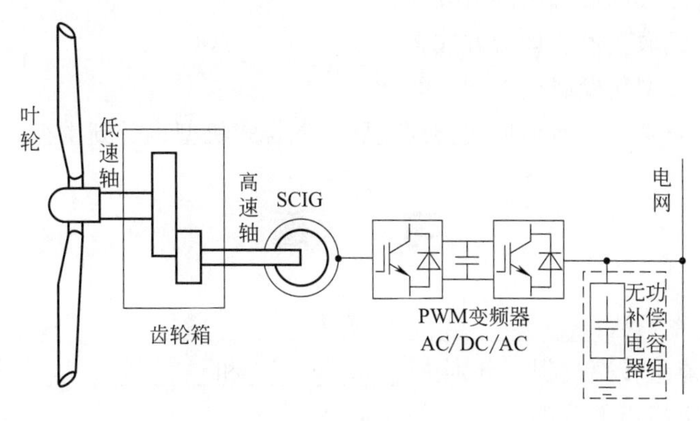

图 1-3　笼型异步发电机原理图

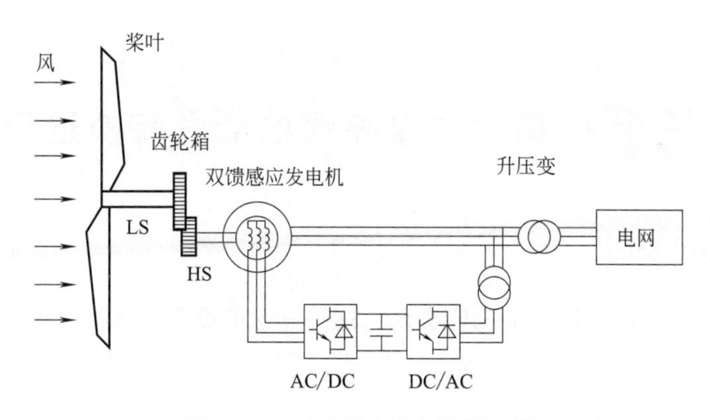

图 1-4　双馈式风力发电机原理图

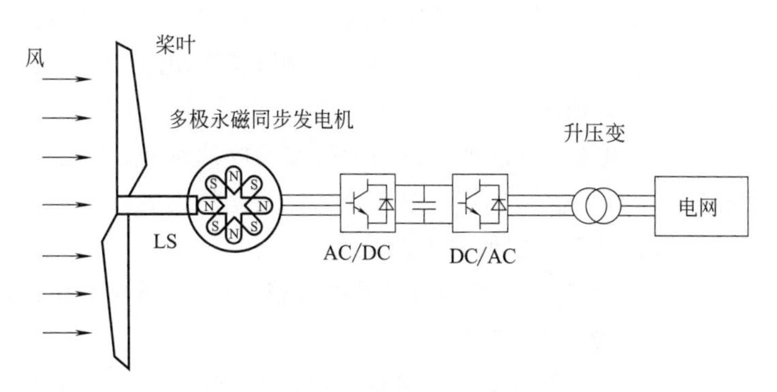

图 1-5　永磁直驱同步发电机原理图

4. 大型风力发电机组的发展趋势

陆地风力发电：其方向是低风速发电技术，主要机型是2～5MW的大型风力发电机组。这种模式的关键是向电网输电。

近海风力发电：主要用于比较浅的近海海域，安装5MW以上的大型风力发电机组，布置大规模的风力发电场。这种模式的主要制约因素是风力发电场的规划和建设成本，但是近海风力发电的优势是明显的，即不占用土地，海上风力资源较好。

大型风力发电机组的发展趋势：

① 变桨距调节方式取代失速调节方式；

② 变速运行方式取代恒速运行方式；

③ 机组规模向大型化发展；

④ 直驱永磁、异步双馈两种形式共同发展，混合式机型也受到重视。

习　题

1. 风力发电包含了从____________转换为____________，从____________转换为____________两个能量转换过程，分别由____________和____________实现。

2. 简述风力发电机组的分类。

3. 简述大型风力发电机组的发展趋势。

第二节 风力发电机组的能量转换过程

一、风能转化为机械能

风能转化为机械能这一过程由风轮实现。这一过程最重要的指标有两个：风能利用系数和叶尖速比。

风力发电基本原理示意

1. 贝茨理论

1919年，德国物理学家贝茨首次提出：风轮从自然界中获得的能量是有限的，只能把不足16/27的风能转化为机械能（即理论上利用系数的最大值为0.593），损失部分可解释为留在尾流中的旋转动能。

假设风轮是理想的，且由无限多的叶片组成，气流通过风轮时也没有阻力。此外，假定气流经过整个扫风面是均匀的，气流通过风轮前后的速度方向为轴向。理想的风轮气流模型如图1-6所示。

图中，V_1是风轮上游的风速，V是通过风轮的风速，V_2是风轮下游的风速。通过风轮的气流其上游截面是S_1，下游截面是S_2。

由于风轮所获得的能量是由风能转化得到的，所以V_2必定小于V_1，因而通过风轮的气流截面积从上游至下游是增加的，即S_2大于S_1。

自然界的空气流动可以认为是不可压缩的，由连续流动方程得到

$$S_1V_1=SV=S_2V_2$$

由动能方程，可得作用在风轮上的气动力为

$$F=\rho SV(V_1-V_2)$$

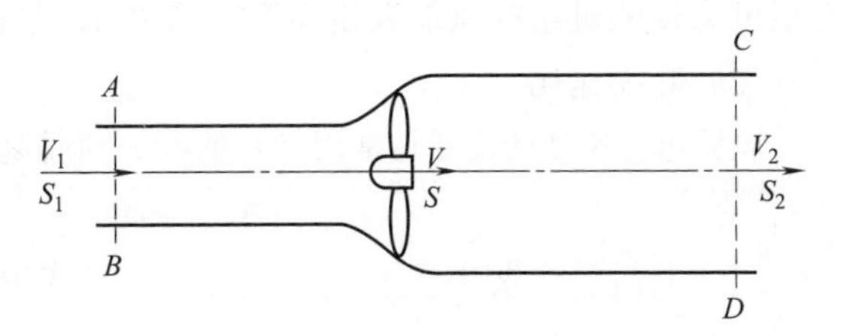

图 1-6 理想风轮的气流模型

所以风轮吸收的功率为

$$P=FV=\rho SV^2(V_1-V_2)$$

故上游至下游动能的变化为

$$\Delta E=0.5\rho SV(V_1^2-V_2^2)$$

由能量守恒定律，可知

$$V=0.5(V_1+V_2)$$

因此，作用在风轮上的气动力和提供的功率可写为

$$F=0.5\rho S(V_1^2-V_2^2)$$

$$P=0.25\rho S(V_1^2-V_2^2)(V_1+V_2)$$

对于给定的上游速度 V_1，可写出以 V_2 为函数的功率变化关系。将上式微分可得 $V_2=V_1/3$ 时，功率 P 达到最大值，即

$$P_{\max}=8/27\rho SV_1^3$$

将上式除以气流通过扫风面 S 时所具有的动能，可得到风轮的理论最大效率——理论风能利用系数

$$C_{\mathrm{p,max}}=P_{\max}/0.5\rho SV_1^3=16/27\approx 0.593$$

也就是说，实际风力发电机组的功率必定小于贝茨理论的极限值 0.593，因此，风力发电机组实际得到的有用功率是

$$P_{\max}=0.5C_{\mathrm{p}}\rho SV_1{}^3$$

式中，C_{p} 是风力发电机的风能利用系数。

2. 风力发电机的空气动力特性

(1) 风能利用系数

风能利用系数定义为风轮能够从自然风能中吸收的能量与输入风能之比

风轮空气动力特性

$$C_{\mathrm{p}}=P/0.5\rho SV^3$$

式中 P——实际获得功率，W；

ρ——空气密度，$\mathrm{kg/m^3}$；

S——扫风面积，$\mathrm{m^2}$；

V——上游风速，m/s。

C_{p} 值越大，表示风力发电机组能够从自然界中获得的能量百分比越大，风力发电机组效率越高，对风能的利用率越高。

对于实际应用的风力发电机来说，风能利用系数主要取决于风轮叶片的气动结构设计以及制造工艺水平。如高性能螺旋桨式风力发电机组，一般风能利用系数在 0.45 以上，而阻

力型风力发电机组的风能利用系数只有 0.15 左右。

(2) 叶尖速比

风轮运行速度的快慢，常用叶片的叶尖圆周速度与来流风速之比来描述，称为叶尖速比 λ。

$$\lambda = 2\pi Rn/0.5\rho SV = \omega R/V$$

式中 n——风轮转速，r/min；

R——叶尖半径，m；

V——上游风速，m/s；

ω——风轮旋转角速度，rad/s。

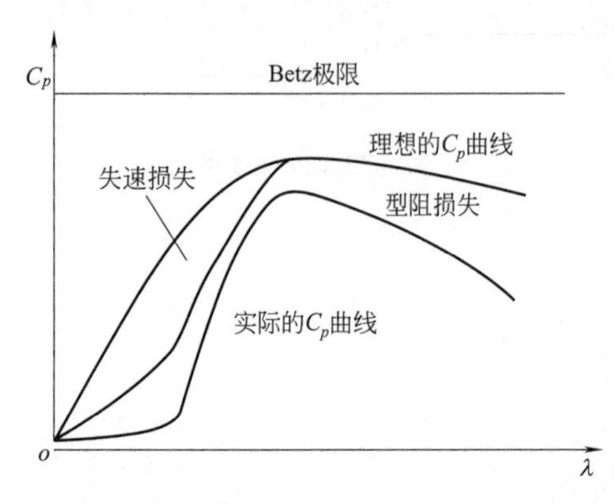

图 1-7 风力发电机组的空气动力特性曲线

功率 P 可表示为风轮获得的总转矩 M 和风轮角速度的乘积 ω。

由 $\omega = \lambda V/R$，得

$$C_p = 2M\lambda/\rho SV^2 R$$

并定义 $M = C_p/\lambda = 2M/\rho SV^2 R$ 为无因次数，正比于转矩。

风能利用系数和无因次数随叶尖速比变化的曲线，称风力发电机组的空气动力特性曲线，如图 1-7 所示。

变桨距风力发电机组的特性，通常由一族风能利用系数的无因次性能曲线来表示。

风能利用系数 C_p 是叶尖速比 λ 的函数，也是桨距角 β 的函数，综合起来可表示为 $C_p(\lambda, \beta)$，当桨距角 β 逐渐增大时，$C_p(\lambda)$ 曲线将显著缩小，见图 1-8 和图 1-9。

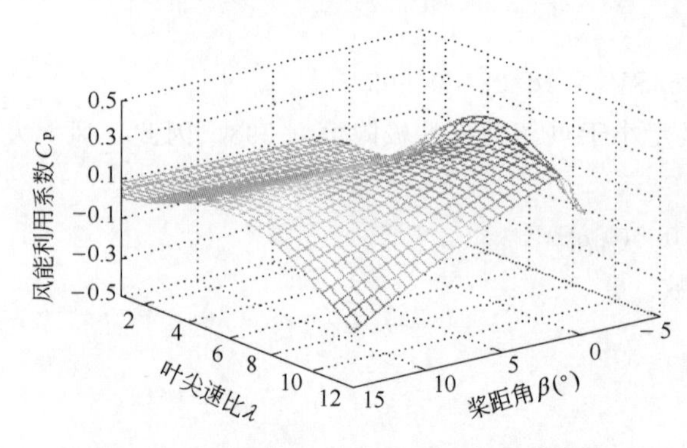

图 1-8 风能利用系数的无因次性能曲线 1

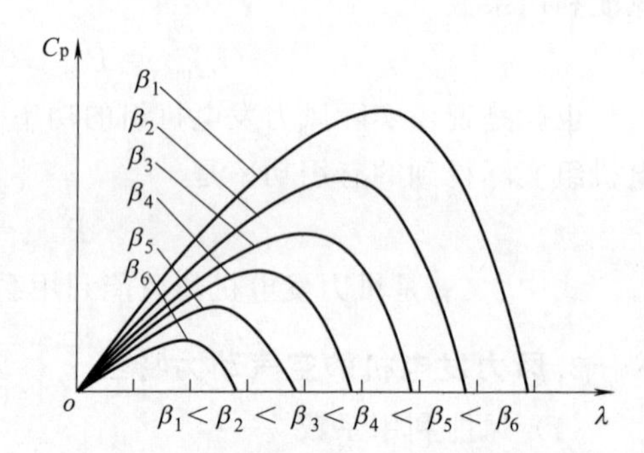

图 1-9 风能利用系数的无因次性能曲线 2

风能利用系数只有在一个特定的最优尖速比下才达到最大值。当风速变化时，如果风力发电机组仍然保持某一固定的转速 ω，那么必将偏离其最优值，从而使 C_p 降低。

为了提高风能利用系数，必须使风速变化时机组的转速也随之变化，从而保持最优尖速比。

风力发电机组的稳态特性由叶尖速比 λ、风力发电机组转矩系数 $C_T(\lambda, \beta)$、风能利用系数 $C_p(\lambda, \beta)$、风轮捕获功率 P 表示：

$$\lambda = \omega R/V = 2\pi Rn/V$$

$$P = \frac{1}{2}\rho\pi C_p(\lambda, \beta)V^3 R^2$$

$$C_p(\lambda, \beta) = \lambda C_T(\lambda, \beta)$$

转速与功率的关系如图 1-10 所示。

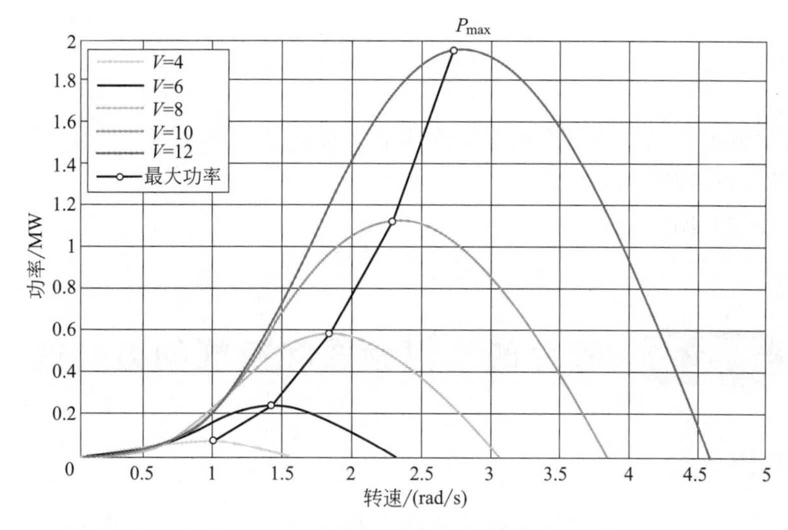

图 1-10 转速、功率曲线图

二、机械能转化为电能

机械能转化为电能这一过程由发电机实现。风力发电机利用电磁感应原理将风轮传来的机械能转换成电能。

发电机分为异步发电机和同步发电机两种，风力发电机组中的发电机一般采用异步发电机。异步发电机的转速取决于电网的频率，只能在同步转速很小的范围内变化。

当风速增加时，齿轮箱高速输出的轴转速达到异步发电机同步转速时，风力发电机并入电网，向电网送电。风速继续增加，发电机转速也略微升高，增加输出功率。达到额定风速后，由于风轮的调节，稳定在额定功率不再增大。反之，风速减小，发电机转速低于同步转速时，则从电网吸收电能，处于电动机状态，经过适当延时后脱开电网。

对于定桨距风力发电机，一般还采用单绕组双速异步发电机，如从 4 级 1500r/min 变为 6 级 1000r/min。但是这种发电机仍然可以看做是基本上恒定转速的，这一方案不仅解决了低功率时电机的效率问题，而且改善了低风速时的叶尖速比，提高了风能利用系数，并降低了运行时的噪声。由于同样考虑，一些变桨距风力发电机也使用双速发电机。

普通异步发电机结构简单，可以直接并入电网，无需同步调节装置，但风轮转速固定后效率较低，而且在交变的风速作用下，要承受较大的载荷。为了克服这些不足之处，相继开发了高滑差异步发电机和变转速双馈异步发电机。

同步发电机的并网一般有两种方式：一种是准同期直接并网，这种方法在大型风力发电机中极少使用；另一种是交-直-交并网。

近几年来，由于大功率电子元器件的快速发展，变速恒频风力发电机得到了迅速的发展，同步发电机在风力发电机中得到了广泛的应用。

为了减少齿轮箱的传动损失和发生故障的概率，有的风力发电机采用风轮直接驱动同步多级发电机，又称无齿轮箱风力发电机，其发电机转速与风轮相同而随着风速变化，风轮可以转换更多的风能，所承受的载荷稳定，减轻了部件的重量。缺点是发电机结构复杂，制造工艺要求高，且需要交流装置才能与电网频率同步，经过转换又损失了能量。

习　　题

1. 根据贝茨理论，风轮的风能利用系数理论上的最大值为＿＿＿＿＿＿＿＿。
2. 风能利用系数的定义是什么？
3. 什么是叶尖速比？

第三节　叶片的几何参数和空气动力特性

一、叶片的几何参数

叶片是决定风力发电机组的风能转换效率、安全可靠运行的最关键部件之一。叶片造价占整机造价的15%～20%（功率越大的机组比例越高）。

叶片的设计涉及到空气动力学、机械学、气象学、结构动力学、复合材料及力学等多方面的知识，叶片的设计制造技术也是风电设备最为关键的技术之一。

兆瓦级以下风力发电机组叶片一般为定速定桨距型，如图 1-11 所示。兆瓦级以上风力发电机组叶片一般为变速变桨距型，如图 1-12 所示。

图 1-11　定速定桨距型风电叶片

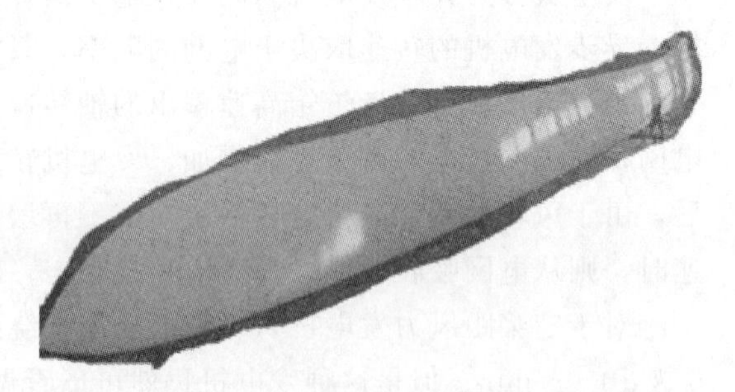

图 1-12　变速变桨距型风电叶片

1. 型号

叶片型号包括厂家、叶片长度、额定功率等信息。

2. 主要安装尺寸

叶片的主要安装尺寸有螺栓分布节圆直径、螺栓数量及规格、螺栓孔位置公差、叶片圆柱段外径等。

3. 叶片参数

叶片参数包括叶片长度、翼型、最大弦长、叶片面积、最大扭角、预弯量、重量、重心位置、固有频率、表面防护等。

4. 叶片系统参数

叶片系统参数包括设计风场等级、工作寿命、叶片数目、风轮直径、最大风能利用系数、风轮旋转方向、风轮运行转速范围、功率控制、额定转速、额定功率、切入风速、切出风速、额定风速、安全风速等。

5. 叶片材质

制造叶片的材质中最主要的是壳体、叶梁所采用的基体材料和增强材料等。基体材料一般采用聚酯树脂、乙烯基树脂和环氧树脂等热固性基体树脂。增强材料一般采用玻璃纤维和碳纤维。

6. 运行条件

叶片的运行条件亦即风力发电机组的运行条件，如风轮转速范围、安全风速、环境温度、防雷要求等。

二、叶片的空气动力特性

1. 叶片上的载荷特性

风力发电机组上的周期性载荷主要分为空气动力载荷、重力载荷、惯性载荷（包括离心力和回转应力）、操纵载荷和其他载荷（如温度载荷和结冰载荷等）。

叶片上所受的载荷如图 1-13 所示。

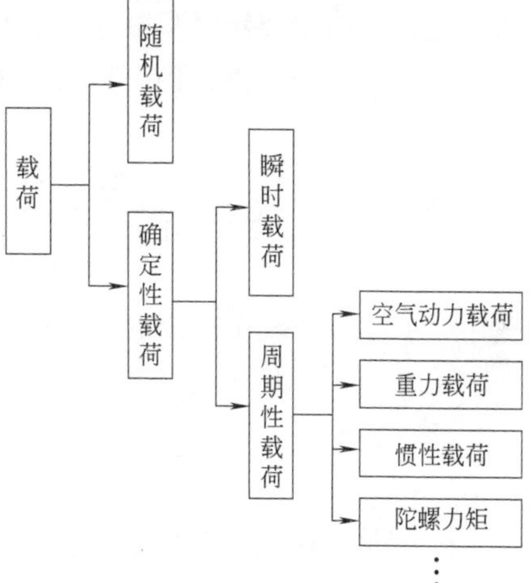

图 1-13 叶片上的载荷

（1）叶片的基本载荷

叶片的受力主要有三种：空气动力、离心力和重力。

① 空气动力载荷 空气动力载荷是风力发电机组最主要的动力来源，其中叶片是最主要的承载部件，它使叶片承受弯曲和扭转力，主要依据叶素理论和动量理论进行计算。

载荷的大小与风轮直径、叶根半径、叶片上单位长度翼型截面的风力（相对风速）、空气密度等正相关，也与所选翼型有关。

② 离心力载荷 离心力载荷使叶片受到拉伸、弯曲和扭转力。它自旋转中心沿半径向外作用在翼剖面的重心上，与重力载荷相互作用，会给叶片带来很大的作用力。

载荷的大小与叶片的密度、风轮角速度、叶片截面积、风轮旋转半径正相关。

③ 重力载荷 重力载荷对叶片产生摆振方向的弯矩，使叶片承受拉压力、弯曲和扭转力，是叶片的主要疲劳载荷，主要有重力拉压力、重力剪力和重力弯矩、重力扭矩。

（2）叶片的动态载荷

叶片在空气动力、重力和离心力作用下，会产生振动。主要振动形式有：

① 挥舞 叶片在垂直与旋转平面方向上的弯曲振动；

② 摆振 叶片在旋转平面内的弯曲振动；

③ 扭转 叶片绕其变距轴的扭转振动。

这三种机械振动和空气动力交织作用，形成气动弹性问题。如果这种相互作用是减弱的，则振动稳定，否则会出现颤振和发散。这种不稳定运动的破坏力极强。

叶片动态分析最重要的是频率计算，叶片固有频率须离开共振频率一定距离。共振安全率为叶片固有频率离开共振频率的距离（%）。

由于发电机转速有一定的波动，故要求叶片的固有频率避开共振频率的范围应该大一些。

（3）屈曲失稳现象

大型风电叶片采用中空结构形式，在弯曲气动载荷作用下，叶片局部受压区域可能由于刚度下降而发生突然损坏。

叶片后缘空腔较宽，易发生失稳。

（4）叶片强度

叶片的强度分为疲劳强度和破坏强度。

2. 风力发电机组的主要特性系数

除在第二节中已经讲述的风力发电机组的主要参数——风能利用系数、叶尖速比外，风力发电机组的主要特性参数还有转矩系数 C_T、推力系数 C_F、功率调节方式等。

为了便于把气流作用下风力发电机组所产生的转矩和推力进行比较，引入转矩系数和推力系数：

$$C_T=\frac{T}{\frac{1}{2}\rho V^2 SR}=\frac{2T}{\rho V^2 SR} \qquad C_F=\frac{F}{\frac{1}{2}\rho V^2 S}=\frac{2F}{\rho V^2 S}$$

式中 T——风轮气动转矩，N·m；

F——推力，N。

$$C_T(\lambda)=a_0+\sum_{i=1}^{n}a_i\lambda^i \qquad C_T(\lambda)=C_p(\lambda)/\lambda$$

a_i 见表 1-1，风力发电机组参数关系曲线见图 1-14。

表 1-1 推力系数公式中的 a_i 表

阶数	a_0	a_1	a_2	a_3	a_4	a_5	a_6
3 阶	−0.0180	−0.0057	0.0134	−0.0009			
4 阶	0.0172	−0.0785	0.0387	−0.0038	0.0001		
6 阶	0.00064	0.01771	−0.03278	0.01586	−0.00237	0.000145	−0.0000032

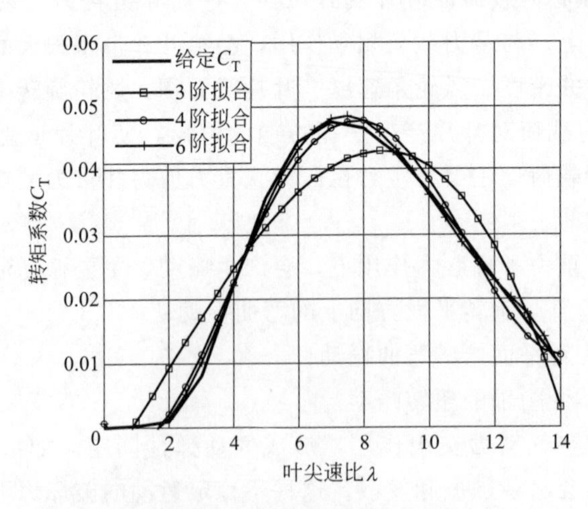

图 1-14 风力发电机组参数关系曲线图

功率调节方式主要有定桨距失速调节、变桨距调节、主动失速调节三种方式。失速调节风力发电机组风轮气流特性见图 1-15。

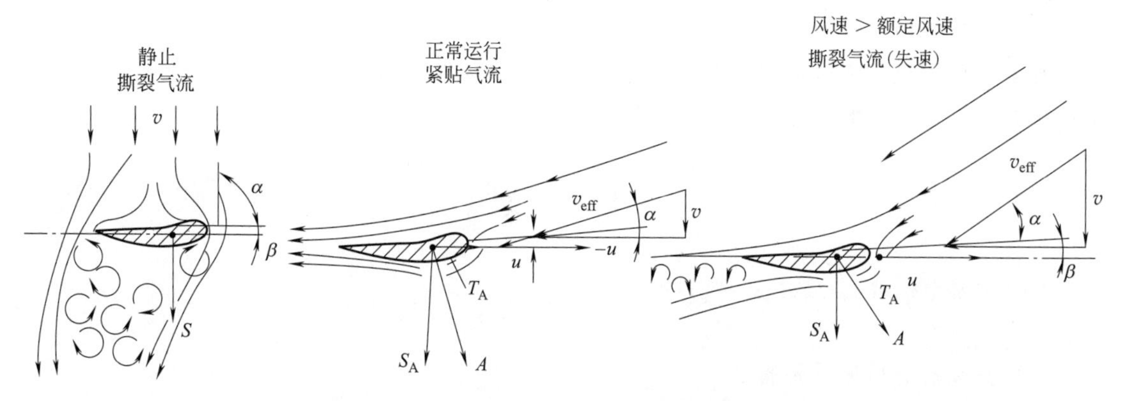

图 1-15 失速调节风力发电机组风轮气流特性

风力发电机组叶片叶型叠合图见图 1-16。

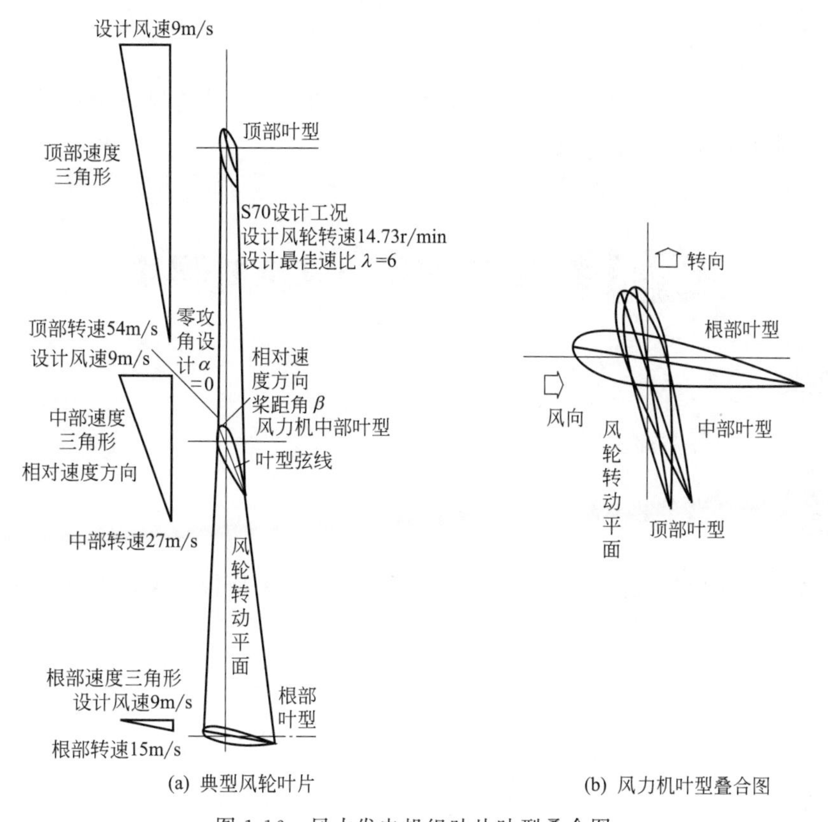

(a) 典型风轮叶片　　(b) 风力机叶型叠合图

图 1-16 风力发电机组叶片叶型叠合图

当风穿过风轮扫风面后，由于风轮运动和塔架的存在，使得风速受到影响，进而影响风力机捕获风能的效率。其中主要有以下方面的影响。

（1）风剪切影响

叶片旋转过程中，单个叶片会因为高度不断变化而使风速产生周期性的变化，进而使得气动转矩产生周期性的变化。

（2）塔影效应

叶片旋转过程中，空气流会周期性地经过塔架，在叶片与塔架之间产生绕流、紊流等作用，同样会影响气动转矩，对下风向风力发电机组尤其重要。

（3）尾流效应

相邻的风力机之间也会相互影响，前面的风力机风轮旋转产生的气流变化会对后面的风力机风速特性产生影响，即尾流效应影响。

习　　题

1.风力发电机组上的载荷主要分为＿＿＿＿＿、＿＿＿＿＿、＿＿＿＿＿、＿＿＿＿＿和＿＿＿＿＿。

2.叶片动态分析最重要的是＿＿＿＿＿＿＿＿＿。

3.风力发电机组的主要特性系数有＿＿＿＿＿、＿＿＿＿＿、＿＿＿＿＿、＿＿＿＿＿和＿＿＿＿＿。

4.风力发电机组功率调节方式主要有＿＿＿＿＿＿＿、＿＿＿＿＿＿＿和＿＿＿＿＿＿＿。

5.当风穿过风轮扫风面后，由于风轮运动和塔架的存在，使得风速受到影响，进而影响风力机捕获风能的效率。其中主要有＿＿＿＿＿、＿＿＿＿＿和＿＿＿＿＿。

第四节　简化的风力发电机理论

一、贝茨理论

见第二节中的“贝茨理论”。

二、动量理论

风轮吸收风能转换为机械能的过程，可以用动量理论来模拟，又称滑流理论。其理论模拟如图 1-17 所示。

风能转换为机械能的动量理论模拟

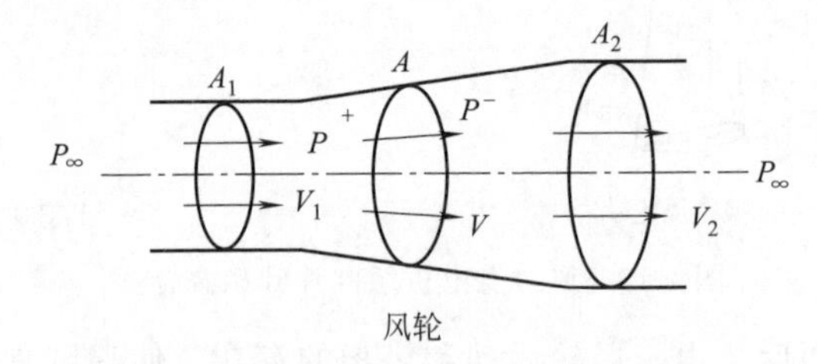

图 1-17　风能转换为机械能的动量理论模拟

动量理论是在以下假设条件下成立：

① 气流为连续的、不可压缩的均匀流体；

② 无摩擦力；

③ 风轮没有轮毂，叶片无限多；

④ 气流对风轮面的推力均匀一致；

⑤ 风轮尾流无旋转；

⑥ 在风轮的前远方和后远方，风轮周围无湍流处的静压力相等。

从图 1-17 可知：

① 风轮前后截面流量相等；

② 风通过风轮时，受风轮阻挡被向外挤压，绕过风轮的空气能量未被利用；

③ 若 $V_1-V_2=0$，通过风轮的空气动能不变，没有能量转换；

④ 若 $V_2=0$，没有气流通过风轮，没有能量转换。

从风轮中得到的功率 P(W) 为单位时间内动能的变化：

$$P=\frac{1}{2}\rho AV(V_1^2-V_2^2)$$

风的功率为：

$$P_W=\frac{1}{2}\rho AV_1^3$$

功率系数（风能利用系数）：

$$C_p=P/P_W=4a(1-a)^2$$

式中，$a=\dfrac{V_1-V}{V}$，为速度减少率（轴向诱导因子）。

经过微分计算，可得最大风能利用系数：

$$C_{p,\max}=16/27=0.593$$

风轮从风中所获得能量的最高效率不超过 59.3%，此为贝茨极限。

动量理论描述如下：

① 功率系数为 $C_p=4a(1-a)^2$。

② 推力系数为 $C_T=T/½\rho AV_1{}^2=4a(1-a)$。

③ 贝茨极限值为 0.593。

④ $A_1/A_2=1-2a$。

三、叶素理论

叶素理论最早由 Drezwiwcki 在 19 世纪末提出，是风轮空气动力学研究中被广泛采用的又一经典理论。

叶素理论把叶片视作由若干个叶素构成。假设叶素的气动载荷（图 1-18）是准二维的，即每个叶素类似于一个二维翼型来产生气动作用（各叶素间的气流流动相互不干扰），于是，对叶素气动载荷的计算便等同于二维翼型气动载荷的计算。沿叶片径向积分，就可以得到整个叶片进而整个风轮的气动特性。

虽然叶素理论对叶片做了准二维假设，但是通过对叶素迎角的修正，叶素理论仍然把旋翼的非均匀诱导入流的三维效应考虑了进去。换言之，旋翼诱导速度不再假定是均匀分布的，因此能更真实地反映诱导速度沿半径和方位角的变化。

合速度下，叶素的升力和阻力分别为：

$$dL=\frac{1}{2}\rho V^2C_t dr \qquad dD=\frac{1}{2}\rho V^2C_d dr$$

式中，翼型的升力系数 C_t、阻力系数 C_d 取决于叶素的迎角。

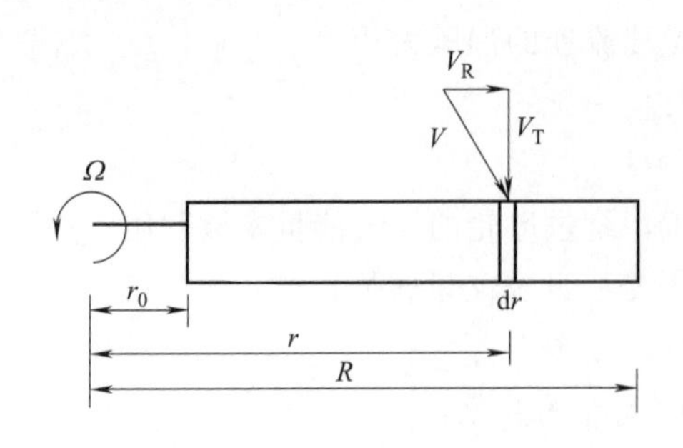

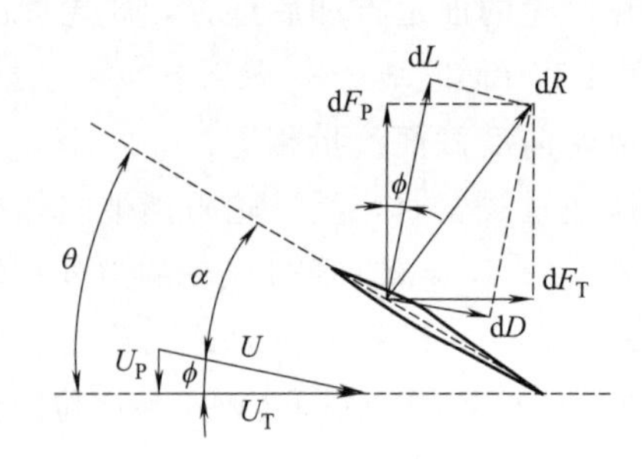

图 1-18 叶素的气动载荷

叶素的垂向力和切向力分别为：

$$\mathrm{d}F_{\mathrm{P}}=\mathrm{d}L\cos\phi-\mathrm{d}D\sin\phi \qquad \mathrm{d}F_{\mathrm{T}}=\mathrm{d}L\sin\phi+\mathrm{d}D\cos\phi$$

因此，对于叶片数为 N_{b} 的风轮系统，其拉力、扭矩和功率分别为：

$$\mathrm{d}T=N_{\mathrm{b}}\mathrm{d}F_{\mathrm{p}}=N_{\mathrm{b}}(\mathrm{d}L\cos\phi-\mathrm{d}D\sin\phi)$$

$$\mathrm{d}Q=N_{\mathrm{b}}\mathrm{d}F_{\mathrm{T}}r=N_{\mathrm{b}}(\mathrm{d}L\sin\phi+\mathrm{d}D\cos\phi)r$$

$$\mathrm{d}P=N_{\mathrm{b}}\mathrm{d}F_{\mathrm{T}}\Omega r=N_{\mathrm{b}}(\mathrm{d}L\sin\phi+\mathrm{d}D\cos\phi)\Omega r$$

四、动量-叶素理论

将动量理论应用在叶片的每个叶素上，就得到了目前风力发电机组风轮设计与分析最常用的模式：动量-叶素理论（BEM 理论）。

动量-叶素理论在针对每个叶素做性能分析的同时，考虑到轴向和弦向诱导速度，理论基础相当完整。应用动量-叶素理论对风轮性能进行分析时，最关键的步骤是轴向诱导因子和弦向诱导因子的求解。

气流作用在风轮上，对风轮产生转矩。同时，风轮对气流有影响，气流在通过风轮后会有变化，参见图 1-17 和图 1-19。

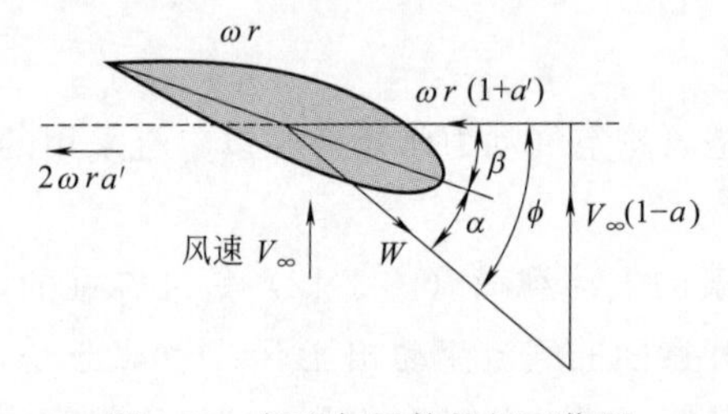

图 1-19 气流与风轮的相互作用

$$V=(V_1+V_2)/2$$

$$a=(V_1-V)/V_1$$

$$V_2=V_1(1-2a)$$

式中，a 为轴向诱导因子。风轮平面处的切向速度为 $\omega r(1+a')$，a'为切向气流诱导因子。

将动量模型的旋转尾流影响考虑进去时，作用在扫掠圆环面的轴向气动力为

$$\mathrm{d}T=\frac{1}{2}\rho W^2 t\Delta r(C_{\mathrm{L}}\cos\phi+C_{\mathrm{D}}\sin\phi)$$

习 题

1. 动量理论用来模拟________________________________。

2. 叶素理论把叶片视作由若干________________构成。假设________________

的气动载荷是____________的，即每个________类似于一个________来产生气动作用。

3. 目前风力发电机组风轮设计与分析最常用的模式是________，它在针对每个叶素作性能分析的同时，考虑到________和________诱导速度，理论基础相当完整。应用该理论对风轮性能进行分析时，最关键的步骤是________和________的求解。

4. 根据叶素理论，对于叶片数为 N_b 的风轮系统，其拉力、扭矩和功率分别是什么？

5. 动量理论有哪些假设？结论是什么？

第五节 风力发电机组控制的 PID 算法

整个风力发电机组的核心就是控制系统，它直接影响着整个系统的效率、电能质量和性能。随着电力电子技术和现代控制技术的发展，为风电控制系统的研究提供了技术基础。

目前 PID 控制器因为结构简单，在实际中容易被理解和实现，在风电机组中的控制策略中得到广泛应用。

PID 控制算法用来进行控制器参数调节，其方法概括起来有两大类：

① 工程整定方法 可以直接在控制系统的试验中进行，主要依赖工程经验；

② 理论计算整定法 是根据轨迹特性或按照对数频率特性确定控制器参数，主要是依据系统的数学模型。

这些 PID 控制器参数调节方法，一直以来都需要通过工程实际进行反复调整和修改，算法运算量大，过程复杂，给控制设计带来不便。

PID控制器控制原理

一、PID 控制器

PID 是比例、积分、微分的缩写，将偏差的比例（P）、积分（I）和微分（D）通过线性组合构成控制量，用这一控制量对被控对象进行控制，这样的控制器称 PID 控制器，其控制原理见图 1-20。

PID 调节器之所以经久不衰，主要有以下优点：

① 控制效果好；

② 具有较为成熟的技术；

③ 目前已被人们熟悉和掌握；

④ 不需要建立数学模型。

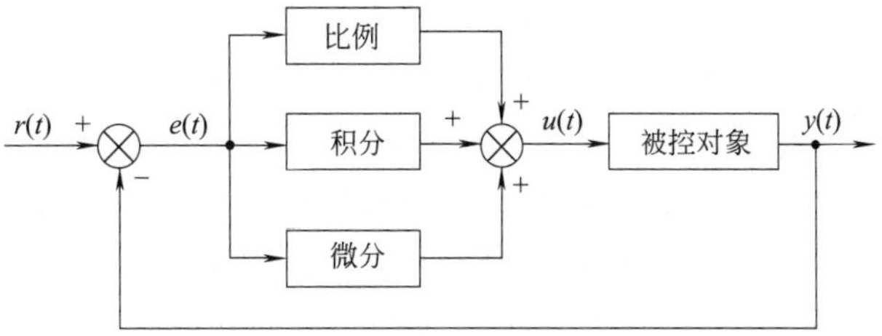

图 1-20 PID 控制器控制原理

二、PID 控制器的数学表达式

$$u(t)=K_P x(t)+K_I\int x(t)\mathrm{d}t+K_D\frac{\mathrm{d}x(t)}{\mathrm{d}t}$$

① $K_P x(t)$比例项 可以成比例地反映控制系统的偏差。偏差一旦产生，控制器就立即

产生控制作用，以减小偏差。

② $K_I\int x(t)\mathrm{d}t$ 积分项　积分控制器的输出不仅与输入偏差的大小有关，而且还与偏差存在的时间有关。只要偏差存在，输出就会不断积累，一直到偏差为零，累积才会停止。积分项主要用于消除静差，提高系统的无差度。积分作用的强弱，取决于积分时间常数，其数值越大，积分作用越弱，反之则越强。

③ $K_D\dfrac{\mathrm{d}x(t)}{\mathrm{d}t}$微分项　反映偏差信号的变化趋势，并能在偏差信号变得太大之前，在系统中引入一个有效的早期修正信号，从而加快系统的动作速度，减少调节时间。

三、风电机组状态反馈最优 PID 控制设计

风电机组各部分的结构和动态特性复杂，主要包括风能特性、传动链系统特性、发电机特性、风轮空气动力特性等，整个风电机组是一个高阶的非线性系统。根据具体的风电机组设置系统参数，把风电机组模型进行线性化，得到风电机组的线性化模型，可以直接在此模型的基础上进行最优控制输入的计算。

由最优控制理论可知，系统 PID 控制器可以通过设计系统的状态反馈最优控制器得出。该状态反馈最优控制器，可以通过线性二次型最优控制策略进行设计。

线性二次型最优控制器，其对象是以状态空间形式给出的线性系统，而目标函数为对风电机组系统状态和控制输入的二次型函数。线性二次型问题的最优解 $u(t)$ 可以写成便于实现求解过程的解析表达式，并可得到一个简单的易于工程实现的最优状态反馈率，采用该状态反馈控制律构成闭环最优控制系统，能够兼顾如风电机组控制系统稳定性以及动态响应特性等多项性能指标。

该线性二次型最优控制策略运用二次型函数作为性能指标函数，可以表示为：

$$J(t)=\int_0^{\infty}[x(t)^{\mathrm{T}}Qx(t)+u(t)^{\mathrm{T}}Ru(t)]\mathrm{d}t$$

其中系数 Q、R 为正定矩阵。该性能指标函数的目的，是通过适当地控制输入，保持预定的输出误差，以达到系统误差和控制能量综合最优的目的。性能指标函数 $J(t)$ 中第一项 $x(t)^{\mathrm{T}}Qx(t)$，表示在控制系统工作过程中对风电机组状态 $x(t)$ 的要求和限制，用来约束控制过程中的误差和终端误差，使风电机组在风速变化等扰动的影响下，能够保证响应的快速性和终端状态的准确性。该项函数值为非负，所以 $x(t)$ 越大，该项函数值越大，其在整个性能指标函数 $J(t)$ 所占比重越大。性能指标函数 $J(t)$ 中第二项 $u(t)^{\mathrm{T}}Ru(t)$ 表示该风电机组控制系统动态过程中对控制的约束和要求，用来限制 $u(t)$ 的幅值及平滑性，以保证风电机组控制系统的安全稳定运行，而且对限制控制过程的电能等能源消耗也起到重要作用，从而保证风电机组的节能性。因为 R 为正定矩阵，所以只要存在控制 $u(t)$，则该项为正。$u(t)$ 越大，该项的函数值越大，其在整个性能指标函数$J(t)$ 所占比重也越大。

最优控制的目标是计算出一个最优控制输入 $u(t)$，使性能指标函数 $J(t)$ 最小。通过使性能指标函数最小，得到状态反馈风电控制系统输出 $J(t)$ 和控制 $u(t)$ 的约束和限制。最优控制的目标可表示为：

$$\min_{u(t)}J(t)=\int_0^{\infty}[x(t)^{\mathrm{T}}Qx(t)+u(t)^{\mathrm{T}}Ru(t)]\mathrm{d}t$$

习 题

1. PID控制算法用来进行控制器参数调节，其方法概括起来有两大类：______________和______________。

2. PID是______________、______________、______________的缩写，将偏差的比例______________、积分______________和微分______________通过线性组合构成控制量，用这一控制量对被控对象进行控制，这样的控制器称PID控制器。

3. 风电机组各部分的结构和动态特性复杂，包括______________、______________、______________、______________，整个风电机组是一个高阶的非线性系统。

4. PID调节器的优点是什么?

5. PID控制器的数学表达式是什么?

第六节 风电场现代控制理论简介

风电机组是一个复杂多变量非线性系统，且有多干扰与不确定性等特点，含有未建模或无法准确建模的动态部分，对这样的系统实现有效控制是相当困难的。随着电力电子技术及微型计算机的发展，先进控制方法在风力发电控制系统中的应用研究几乎遍及系统的各个领域。国内外学者积极研究风力发电机组的控制规律和最优运行，通过采用智能化控制技术，努力减少和避免风力发电机组运行在疲劳载荷和极限载荷，并逐步成为风力发电控制技术的主要发展方向。

一、鲁棒控制

一个固定的控制器，使具有不确定性的对象满足控制品质，这就是鲁棒控制。

1. 鲁棒控制系统

鲁棒系统设计的目标，就是要在模型不精确和存在其他变化因素的条件下，使系统仍能保持预期的性能。如果模型的变化和模型的不精确不影响系统的稳定性和其他动态性能，这样的系统称之为鲁棒控制系统。

鲁棒控制理论包括两大类问题：鲁棒性分析及鲁棒性综合问题。主要的鲁棒控制理论有Kharitonov区间理论、$H\infty$控制理论和结构奇异值理论等。

2. 鲁棒性

所谓“鲁棒性”，是指控制系统在不确定性的扰动下，具有保持某种性能不变的能力。根据对性能的不同定义，可分为稳定鲁棒性和性能鲁棒性。以闭环系统的鲁棒性作为目标设计得到的固定控制器，称为鲁棒控制器。

3. 鲁棒控制问题

给定一被控对象的集合（族），设计控制器，使得对该集合中的任意被控对象，闭环系统均满足要求的性能指标，可实现在建模不确定性条件下捕获最大风能。

传统控制方法与鲁棒控制方法的区别见图1-21。

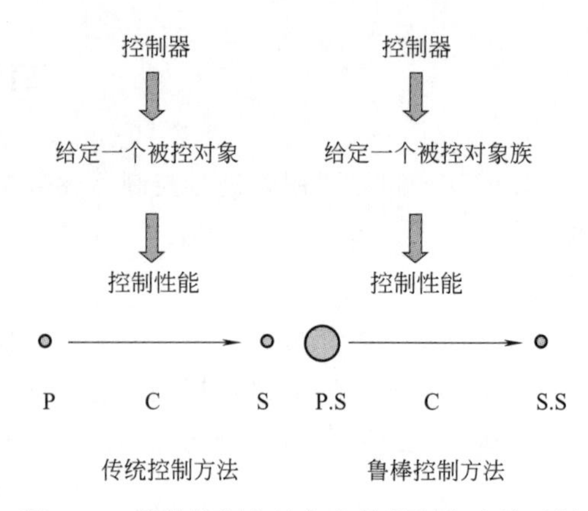

图 1-21　传统控制方法与鲁棒控制方法的区别

在风速和风向不断变化的情况下，捕获最大风能、提高风能利用率，是高效风力发电系统要解决的问题之一。采用鲁棒 PID 控制器设计转速控制系统，可以使变速风力发电机在设计风速范围内稳定运行，而且依靠变速控制系统能够实现低风速区的最大风能跟踪和高风速区的恒功率控制。由于变速恒频风力发电系统受风能不确定性和不稳定性的影响，采用鲁棒控制方法设计的控制器，使系统对参数不确定性及负载扰动具有较强的鲁棒性，并且能快速地跟踪风速，提高风能利用率。

二、滑模变结构控制

1. 滑动模态定义

人为设定一经过平衡点的相轨迹，通过适当设计，系统状态点沿着此相轨迹渐近稳定到平衡点，或形象地称为滑向平衡点的一种运动，称为滑动模态。滑动模态的“滑动”两字即来源于此。

2. 系统结构定义

系统的一种模型，即由某一组数学方程描述的模型，称为系统的一种结构。系统有几种不同的结构，也就是说它有几种（组）不同数学表达式表达的模型。

3. 变结构控制（VSC）概念

变结构控制本质上是一类特殊的非线性控制，其非线性表现为控制作用的不连续性。

与其他控制策略的不同之处：系统的“结构”并不固定，而是在动态过程中，根据系统当前的状态有目的地不断变化。结构的变化若能启动“滑动模态”运动，称这样的控制为滑模控制。

注意：不是所有的变结构控制都能滑模控制，而滑模控制是变结构控制中最主流的设计方法。一般将变结构控制就称为滑模控制（SMC）。

滑模变结构控制本质上是一种不连续的开关型控制，它要求频繁、快速地切换系统的控制状态，具有快速响应、对系统参数变化不敏感、设计简单、易于实现等特点，为风能转换系统提供了一种较为有效的控制方法。

滑模变结构控制的优点：滑动模态可以设计且与对象参数和扰动无关，具有快速响应、对参数变化和扰动不灵敏（鲁棒性）、无须系统在线辨识、物理实现简单等特点。

滑模变结构控制的缺点：当状态轨迹到达滑动模态面后，难以严格沿着滑动模态面向平衡点滑动，而是在其两侧来回穿越地趋近平衡点，从而产生抖振——滑模控制实际应用中的主要障碍。

滑模变结构控制具有响应速度快、超调小、鲁棒性强、抗干扰能力强等优点，适应于风力发电系统的高阶非线性、强耦合的变桨距系统。将滑模变结构控制与智能控制结合起来应用于变桨距系统，可以克服风力发电系统中存在的外界扰动和参数变化的影响，同时解决了滑模变结构控制中存在的抖振现象，保持输出功率稳定。针对如何实现双馈风力发电机最大风能追踪（MPPT）问题，以及发电机功率控制问题，采用滑模变结构控制，不仅可以有效地估计空气动力转矩，而且可以提高风力发电系统转速控制的抗干扰性，实现了变速恒频控制和最大功率点跟踪的快速和稳定控制，从而捕获更多的风能。

三、人工神经网络

1. 神经网络

神经网络是指模拟人脑神经系统的结构和功能，运用大量的处理部件，由人工方式构成的非线性动力学网络系统。

2. 神经网络控制

神经网络控制是将控制理论和神经网络相结合发展起来的智能控制方法。它已成为智能控制的一个新的分支，为解决不确定、未知系统的控制问题，以及复杂的非线性，开辟了新途径。目前神经网络模型已有数十种，种类非常丰富。

典型的神经网络有多层前向传播网络（BP 网络）、Hopfield 网络、CMAC 小脑模型、ART 网络、BAM 双向联想记忆网络、SOM 自组织网络、Blotzman 机网络和 Madaline 网络等。

3. 结构类型

前馈型神经网络（Feed forward，图 1-22）的结构特点是：

① 神经元分层排列，可有多层；

② 每层神经元只接受前层神经元的输入；

③ 同层神经元之间无连接。

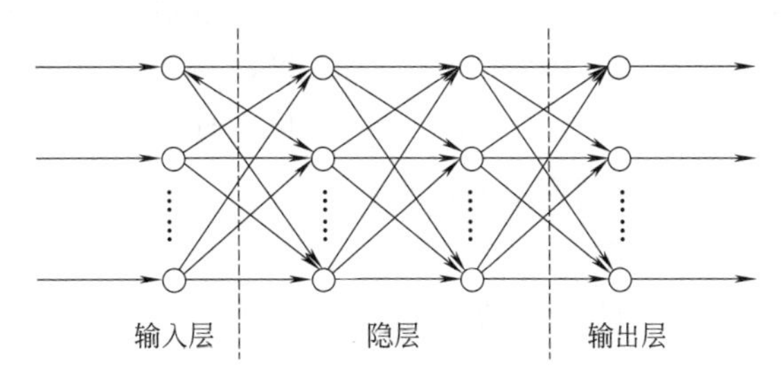

图 1-22 前馈型神经网络结构

反馈型神经网络（Feedback，图 1-23）有两种：

① 全反馈型 内部前向，输出反馈到输入；

② 递归型 层间元相互连接。

风速在时刻变化，风速预测不仅与预测方法有关，还与预测地点的风速特性、预测周期有关。可以利用时间序列神经网络法研究短期风速预测。该方法用时间序列模型来选择神经

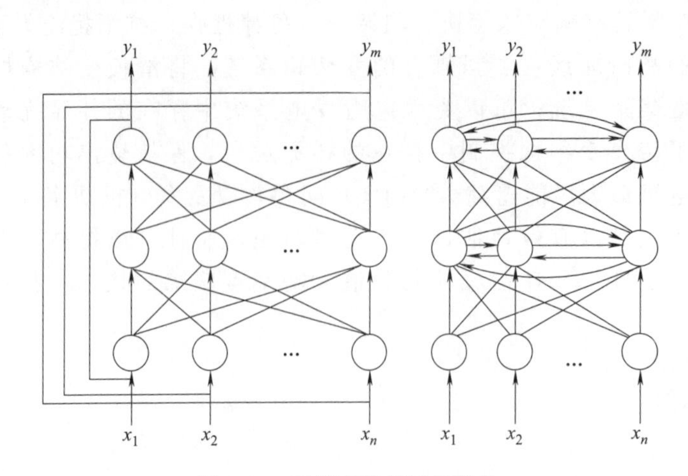

图 1-23 反馈型神经网络结构

网络的输入变量，选用多层反向传播 BP 神经网络和广义回归神经网络，分别对采样的风速序列进行预测。此外，也可以采用小波分析和人工神经网络结合的方法，对风力发电功率进行短期预测。利用神经网络预测风电场的发电量，可以减少功率的波动。

四、模糊控制理论

1. 模糊控制

模糊控制是根据操作人员手动控制的经验，总结出一套完整的控制规则，再根据系统当前的运行状态，经过模糊推理、模糊判决等运算，求出控制量，实现对被控对象的控制。

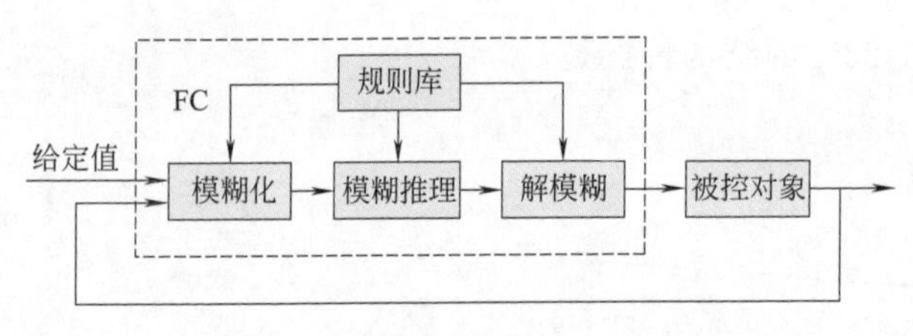

图 1-24 模糊控制系统组成框图

2. 模糊控制系统的组成

模糊控制系统的组成见图 1-24。

3. 模糊控制器各部分的作用

(1) 模糊化

主要作用是选定模糊控制器的输入量，并将其转换为系统可识别的模糊量，具体包含以下三步：

① 对输入量进行满足模糊控制需求的处理；

② 对输入量进行尺度变换；

③ 确定各输入量的模糊语言取值和相应的隶属度函数。

(2) 规则库

根据人类专家的经验建立模糊规则库。模糊规则库包含众多控制规则，是从实际控制经验过渡到模糊控制器的关键步骤。

(3) 模糊推理

主要实现基于知识的推理决策。

(4) 解模糊

主要作用是将推理得到的控制量转化为控制输出。

4. 模糊控制的特点

模糊控制的优点：

① 进行人机界面联系时，操作人员易于使用人类的自然语言，这些模糊条件语句容易加到过程的控制环节上；

② 有较强的容错能力，具有适应被控对象动力学特征变化、环境特征变化和行动条件变化的能力；

③ 使用语言方法，过程的精确数学模型可以不需要；

④ 鲁棒性强，适于解决过程控制中的滞后、非线性、强耦合时变等问题。

模糊控制的缺点：

① 信息简单的模糊处理，将导致系统的控制精度降低和动态品质变差；

② 模糊控制的设计尚缺乏系统性，无法定义控制目标。

想要实现风电机组最大功率点的跟踪，可以通过调节风力机的转速。采用基于模糊逻辑的控制方案来实现调节风力机的转速，在提高风力机稳定性、电能质量上具有卓越的性能。为了避免监控发电机的转速，且不依赖发电机和风力机的特性，可采用爬山搜索法的模糊逻辑最大功率点跟踪策略。

模糊控制用于控制风电机组中的感应电机，可以最大限度地从风中获取能量，而且使风能到电能的转换系统具有更好的平滑性和稳定性。针对变速风能转换系统，采用模糊控制来优化效率和提高性能，用 3 个模糊控制器分别进行速度控制、实现最大风能捕获和减小转矩振动、跟踪发电机的转速。

除了上述 4 种控制方法外，在风力发电系统中还会应用到专家系统、微分几何控制、自适应控制、最优控制、模型预测控制等，在这里就不一一介绍了。

各种控制方法在风电机组中的应用如图 1-25 所示。

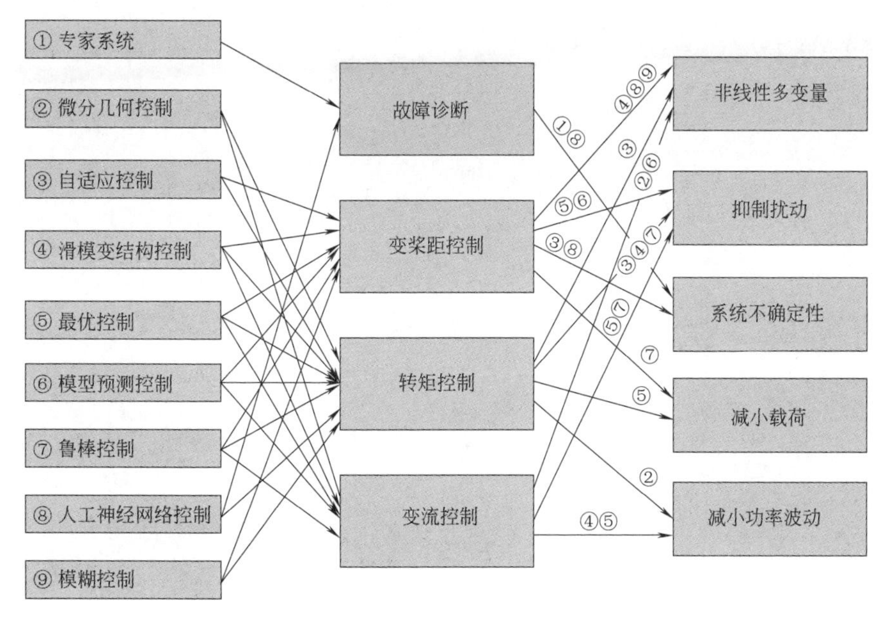

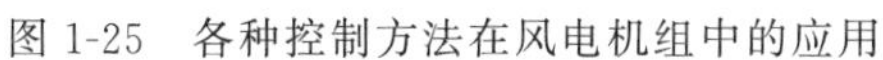
图 1-25 各种控制方法在风电机组中的应用

各种控制系统在风电机组中的应用

习　　题

1. 鲁棒控制理论是分析和处理具有不确定性系统的控制理论，包括两大类问题：______和______。

2. 人工神经网络类型分为________________和________________。

3. 模糊控制器由规则库、________________、________________和________________组成。

4. 什么是鲁棒性?

5. 滑膜变结构控制的优点是什么?

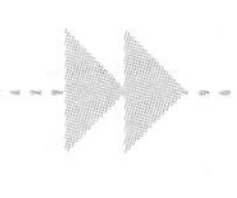

第二章

控制系统的执行机构及传感器

第一节 制动机构

根据 GB 184511—2016《风力发电机组安全要求》，风力发电机组的保护系统应有一个或多个能使风轮由任意工作状态转入停止或空转状态的装置（机械的、电动的或气动的），它们之中至少应有一个必须作用在低速轴上或风轮上，必须提供使风轮在小于安全风速的任意风速下，由危险的空转状态转为完全静止的方法。

大型风力发电机组设置制动装置的目的，是保证从运行状态到停机状态的转变。制动装置有两类：一类是空气动力制动；一类是机械制动。在机组的制动过程中，两种制动形式相互配合。制动系统工作原理如图 2-1 所示。

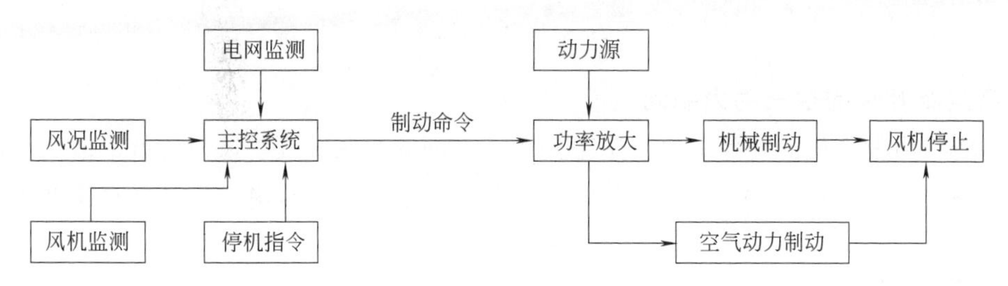

图 2-1　制动系统工作原理图

一、空气动力制动

大型风力发电机组的主要制动装置是气动制动机构。对于定桨恒速风力发电机组，气动制动机构是叶尖扰流器；对于具有变桨机构的风力发电机组，气动制动机构是变桨机构。

1. 定桨距叶片的空气动力制动

空气动力制动装置安装在叶片上，带有叶尖扰流器的叶片结构如图 2-2 所示。它通过叶片形状的改变，使风轮的阻力加大，如叶片的叶尖部分旋转 80°～90°以产生阻力。叶尖的旋转部分称为叶尖扰流器。

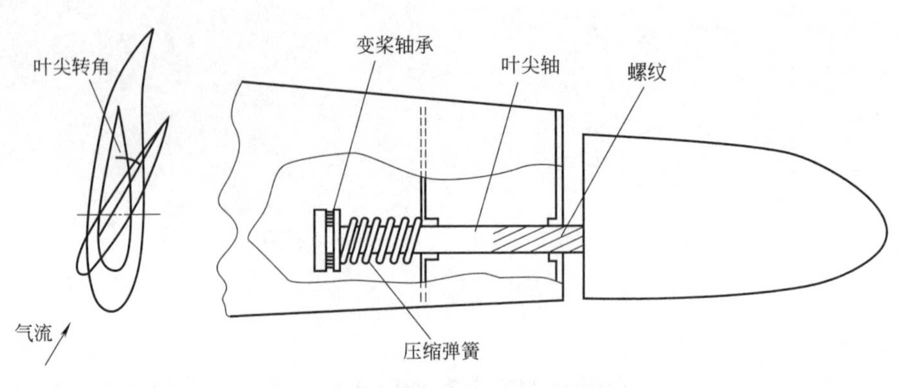

图 2-2　带有叶尖扰流器的叶片结构

活动的叶尖部分长度一般大约为叶片长度的 15%，叶尖安装在叶尖轴上，正常运行时用液压缸拉紧抵消离心力。一旦液压释放（由控制系统触发或直接由超速传感器触发），叶尖在离心力的作用下向外飞出，并同时通过螺杆变距到顺桨状态。风轮的转速会降低，但不会停止，叶片停止转动还要靠机械制动。

在叶轮旋转时，作用在扰流器上的离心力和弹簧力，会使叶尖扰流器力图脱离叶片主体转动到制动位置；而液压力的释放，不论是由于控制系统的正常指令，还是液压系统的故障引起，都将导致扰流器展开而使叶轮停止运行，如图 2-3 所示。因此，空气动力刹车是一种失效保护装置，它使整个风力发电机组的制动系统具有很高的可靠性。

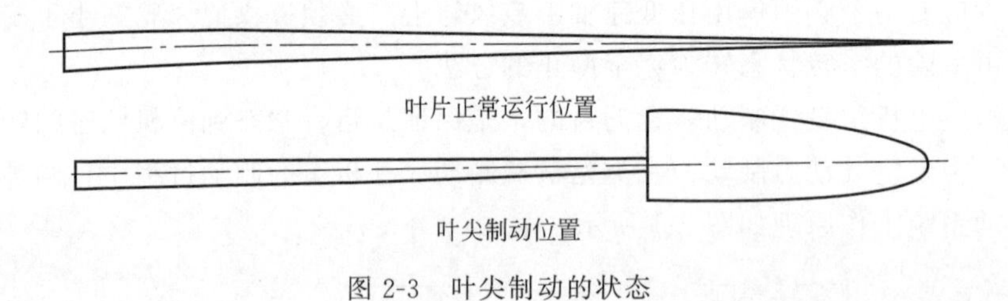

图 2-3　叶尖制动的状态

2. 变桨距叶片的空气动力制动

变桨距风力发电机的叶片只要变桨距到顺桨，即叶片弦线顺着风向，就形成一个高效的空气动力制动方法。这种风机的桨叶根部装有变桨轴承，由变桨电机带动转动桨叶。

二、机械制动机构

风力发电机上所使用的制动器全部为性能可靠、制动力矩大、体积小的钳盘式制动器，并要求具有力矩调整、间隙补偿、随位和退距均等功能。

1. 钳盘式制动器的结构

钳盘式制动器又称为碟式制动器，是因为其形状而得名。它由液压控制，主要零部件有制动盘、油缸（图中末示出）、制动钳、油管（图中末示出）等。制动盘用合金钢制造并固定在轮轴上，随轮轴转动。油缸固定在制动器的底板上，固定不动。制动钳上的两个摩擦片分别装在制动盘的两侧。油缸的活塞受油管输送来的液压作用，推动摩擦片压向制动盘，发生摩擦制动，动作起来就像用钳子钳住旋转中的盘子，迫使它停下来一样，其结构如图 2-4 所示。

钳盘式制动器摩擦副中的旋转元件是以端面工作的金属圆盘，称为制动盘。工作面积不大的摩擦块与其金属背板组成的制动块，每个制动器中有2～4个。这些制动块及其驱动装置，都装在横跨制动盘两侧的夹钳形支架中，总称为制动钳。这种由制动盘和制动钳组成的制动器，称为钳盘式制动器。

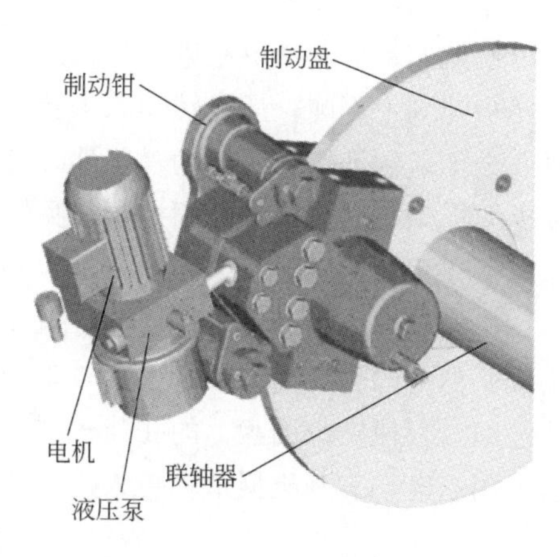

图 2-4　钳盘式制动器的结构

2. 工作原理

当风力发电机不需要制动时，接通电机和电磁阀的电源，电机向系统提供压力油，压力油通过主油路进入制动钳的油缸里，压缩弹簧使活塞向后运动松开制动钳。压力继电器控制着系统的压力保持恒定。当系统的压力大于溢流阀的启动压力时，为保护系统，部分压力油溢流回油池。当风力发电机需要制动时，电机和电磁阀断电，弹簧推动活塞向前运动，压力油通过卸油回路流回油池。

3. 风力发电机用钳盘式制动器

（1）高速轴制动器

风力发电机的高速轴为齿轮箱的输出轴，此处转动力矩较低速轴小几十倍，高速轴制动器的体积比较小。制动盘安装在高速轴上，制动钳安装在齿轮箱体的安装面上，用高强度螺栓固定，参见图2-5。

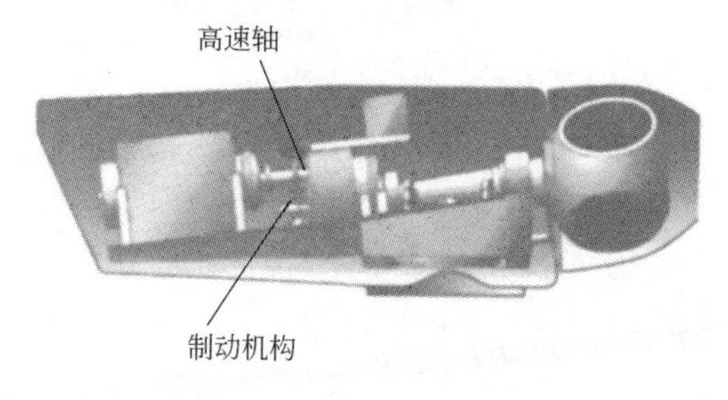

图 2-5　高速轴上安装的制动器

（2）低速轴制动器

大型风机一般采用变桨距系统，不必在低速轴上使用制动器。定桨距风机则必须在低速轴上使用制动器。由于风力发电机的低速轴转矩非常大，所以制动盘的直径比较大，有安装在主轴上的，也有将制动盘制成与联轴器一体的。制动钳一般至少使用两个，直接安装在风机底盘的支架上，参见图2-6。

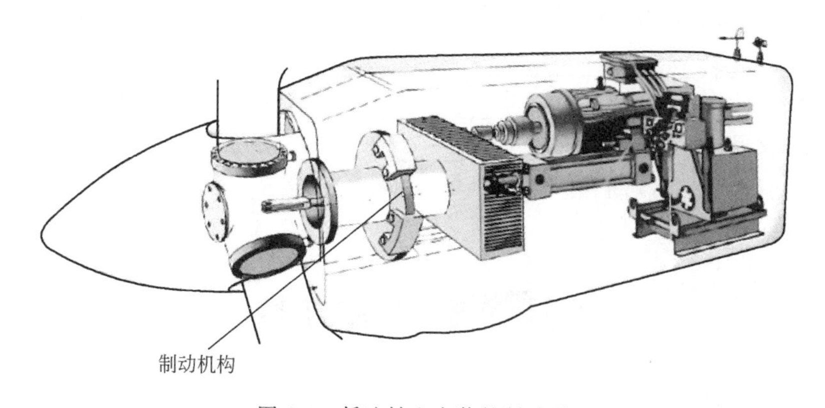

图 2-6　低速轴上安装的制动器

（3）偏航制动器

偏航制动器制动盘是以塔架上的法兰盘作为制动盘。由于风力发电机的机舱和风轮总共有几十吨到上百吨，所以转动起来转动惯量很大。为保证可靠制动一台风力发电机，至少需要 8 个偏航制动钳，除制动功能外，还要有阻尼功能以使偏航稳定。制动钳安装在底盘的安装支架上，用高强度螺栓固定，参见图 2-7。

由于安全的需要，风力发电机设有风轮锁定装置，如图 2-8 所示。锁定装置由锁紧手柄、机械销轴等组成。当需要锁定风轮时，先使风力发电机组停止运行，确定叶片处于顺桨位置；然后顺时针摇动锁紧手柄，直至机械销轴完全插于定位盘。如果需要，可以转动转子锁定圆盘，使定位圆盘上的孔与机械销轴相对。操作方法是松开高速轴制动器，用手盘动高速轴制动盘，直到机械销轴传入定位盘为止。

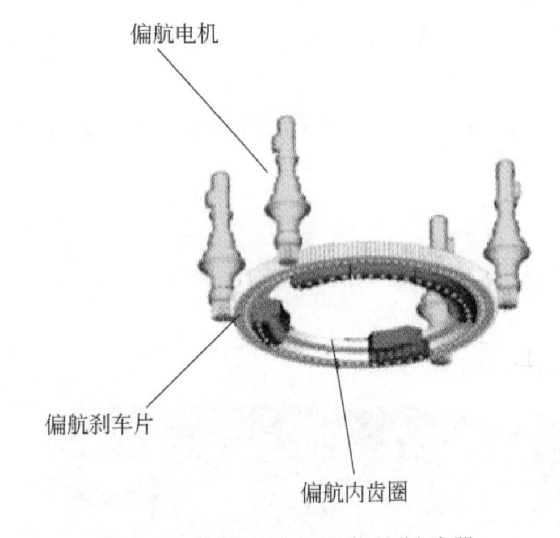

图 2-7　偏航系统上安装的制动器

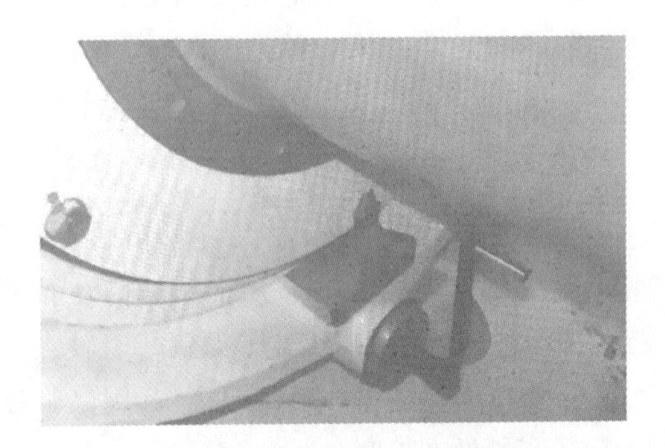

图 2-8　风轮锁定装置

习　题

1. 气动制动机构是大型风力发电机组的主要制动装置。对于定桨恒速风力发电机组，气动制动机构是________；对于具有变桨机构的风力发电机组，气动制动机构是________。

2. 机械制动机构是风力发电机组安全保护系统的辅助制动机构。机械制动有两种执行方式：一种是________________，这样可以保证在电网断电情况下的制动效果；另一种是________________，这样可以实现可控的柔性机械制动。

3. 机械制动机构由安装在高速轴上的__________与布置在四周的________构成。

4. 机械制动机构中的制动夹钳装置中会有哪些传感器？

第二节　液压系统

风力发电机的液压系统属于风力发电机的一种动力系统，主要功能是为变桨控制装置、安全桨距控制装置、偏航驱动和控制装置、停机制动装置提供液压驱动力。它是为风力发电机上一切使用液压作为驱动力的装置提供动力。

液压系统在风力发电机组中的应用主要有以下几个方面：

① 偏航驱动与制动；

② 定桨距空气动力制动；

③ 变桨距控制；

④ 齿轮箱油液冷却和过滤，发电机、变压器冷却；

⑤ 开关机舱和驱动起重机；

⑥ 变流器油液温度控制；

⑦ 机械制动、风轮锁定。

一、液压系统简述

液压源

液压系统是以有压液体为介质，实现动力传输和运动控制的机械单元。液压系统具有功率密度大、传动平稳、容易实现无级调速、易于更换元器件、过载保护可靠等特点。液压系统由各种液压元件组成，可以分为动力元件、控制元件、执行元件、辅助元件等。

1. 动力元件

动力元件用来将机械能转换为液体压力能，如液压泵。

2. 控制元件

控制元件用来控制系统压力、流量、方向以及进行信号转换和放大。作为控制元件的主要是各类液压阀。

3. 执行元件

执行元件用来将流体的压力能转换为机械能，驱动各类机构，如液压缸。

4. 辅助元件

为保证系统正常工作，除上述三种元件外的装置，还需要如油箱、过滤器、蓄能器、热交换器等元件。

二、液压元件

1. 液压泵

液压泵是能量转换装置，向液压系统输送压力油，推动执行元件。参见图 2-9。

2. 液压阀

在液压系统中，液压阀用来控制和调节液体的压力、流量和方向，以满足执行元件对力、速度和运动方向的要求。液压阀按功能可分为方向控制阀、压力控制阀和流量控制阀；按控制方式可分为电液伺服阀和电液比例阀。

控制阀基础

(1) 方向控制阀（简称方向阀）

方向控制阀用来控制液压系统的油流方向，接通或断开油路，从而控制执行机构的启动、停止或改变运动方向。方向控制阀有单向阀和换向阀

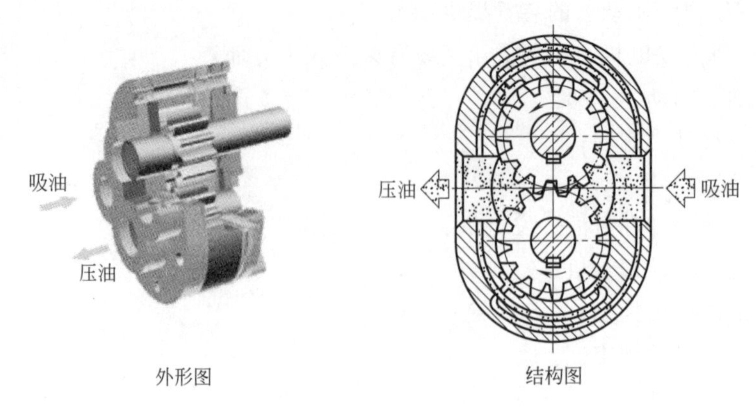

图 2-9 液压泵结构图

两大类。

（2）压力控制阀（简称压力阀）

在液压系统中，用来控制油液压力或利用压力作为信号来控制执行元件和电气元件动作的阀，称为压力控制阀。按压力控制阀在液压系统中的功用不同，可分为溢流阀（图 2-10）、减压阀、顺序阀、压力继电器等。

（3）流量控制阀（简称流量阀）

在液压系统中，用来控制液体流量的阀类统称为流量控制阀。它是靠改变控制口的大小调节通过阀的液体流量，以改变执行元件的运动速度。普通流量控制阀包括节流阀、调速阀和分流集流阀等，参见图 2-11。

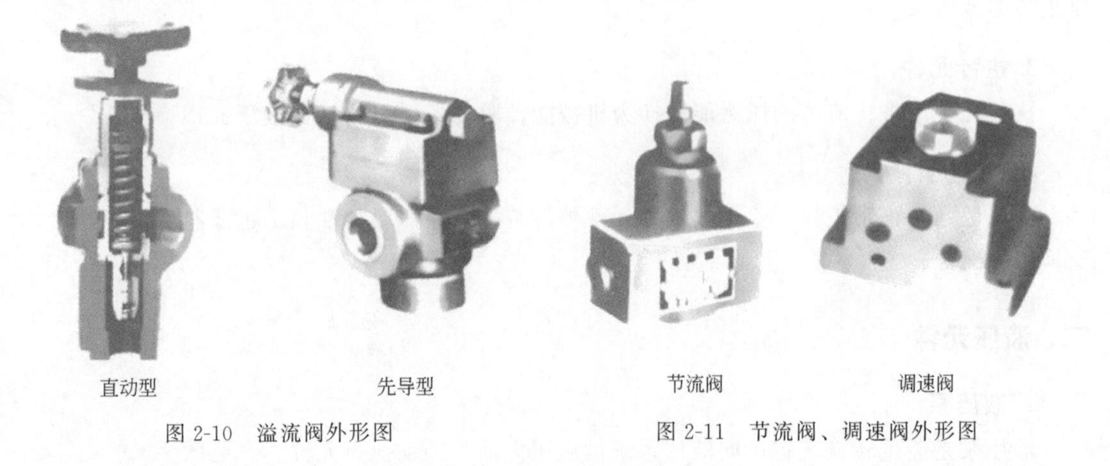

图 2-10 溢流阀外形图

图 2-11 节流阀、调速阀外形图

（4）电液伺服阀

根据输入电信号连续成比例地控制系统流量和压力的液压控制阀，称为电液伺服阀。将小功率的电信号转换为大功率的液压能输出，实现执行元件的位移、速度、加速度及力的控制。电液伺服阀控制精度高，响应速度快，适用于控制精度要求较高的场合。

（5）电液比例阀

用比例电磁铁代替普通电磁换向阀电磁铁的液压控制阀，称为电液比例阀。也可根据输入电信号连续成比例地控制系统流量和压力。它在动态特性上不如电液伺服阀，但制造成本、抗污染能力等方面优于电液伺服阀。

3. 液压缸

液压缸是将输入的液压能转变为机械能的能量转换装置，是液压系统的执行元件，可以很方便地获得直线往复运动。液压变距型风力发电机组液压系统中的液压缸，有时采用差动连接。参见图 2-12。

4. 辅助元件

液压系统中的辅助元件，包括油管、管接头、蓄能器、过滤器、油箱、热交换器、密封装置、冷却器、加热器、压力表和压力表开关等。

（1）蓄能器

蓄能器（图 2-13）可作为辅助能源和应急能源使用，还可吸收压力脉动和减少液压冲击。在液压系统中，蓄能器用来储存和释放液体的压力能。当系统的压力高于蓄能器内液体的压力时，系统中的液体充进蓄能器中，直到蓄能器内外压力相等；反之，当蓄能器内液体压力高于系统的压力时，蓄能器内的液体流到系统中去，直到蓄能器内外压力平衡。

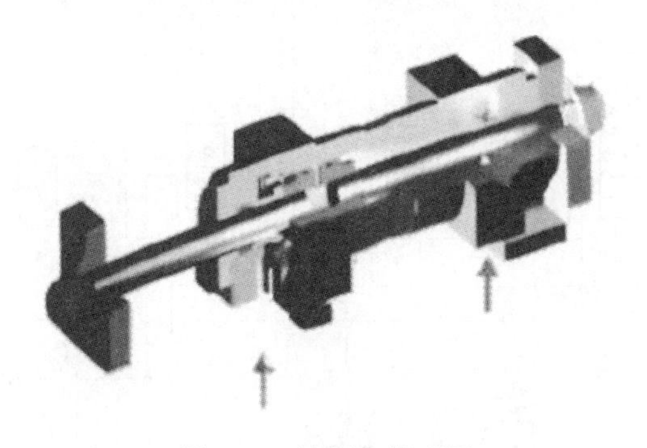

图 2-12 液压缸模型图

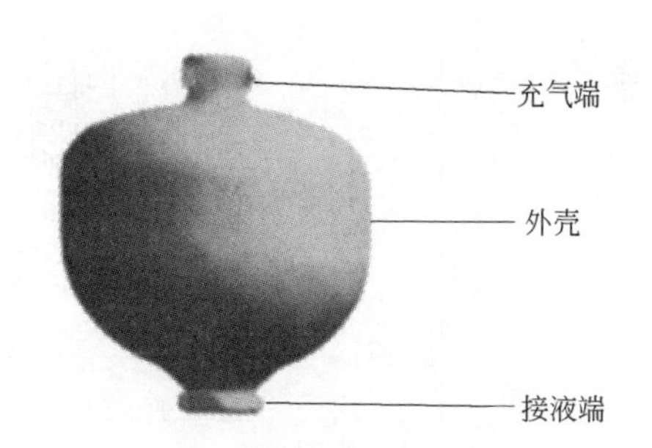

图 2-13 蓄能器外形图

（2）过滤器

液压油中含有杂质，是造成液压系统故障的重要原因。因此，保持液压油的清洁，是液压系统能正常工作的必要条件。过滤器可净化油液中的杂质，控制油液的污染。

（3）油箱

油箱的主要作用是储存必要数量的油液，使油液温度控制在适当范围内，可逸出油中空气，沉淀杂质。

（4）热交换器

① 油温高，会使液压油黏度下降，泄漏倾向增加；密封老化，油液氧化。应使用冷却器降温。冷却器有风冷式、水冷式和冷媒式三种。

② 油温低，会使液压油黏度大，设备启动困难，压力损失大，振动。应使用加热器加热。加热器有热水或蒸汽加热、电加热。

（5）密封装置

密封装置用来防止系统油液的内外泄漏，以及外界灰尘和异物的侵入，保证系统建立必要的压力。常用的密封形式有间隙密封、O 形密封圈、唇形密封（Y 形、Yx 形、V 形）和组合密封（组合密封垫圈、橡塑组合密封装置）等。

密封要求：在一定压力和温度范围内有良好的密封性；与运动件之间摩擦系数小；寿命

长，不易老化，抗腐蚀能力强。

三、风力发电机液压系统控制

1. 定桨距风力发电机组的液压系统

在定桨距风力发电机组中，液压系统的主要任务是驱动风力发电机的气动刹车和机械刹车：一路通过蓄能器供给叶尖扰流器；一路通过蓄能器供给机械制动机构。

这两个回路的工作任务是使机组运行时制动机构始终保持压力。当需要停机时，两回路中的常开电磁阀先后失电，叶尖扰流器一路液压油被泄回油箱，叶尖动作；稍后，机械制动一路液压油进入制动液压缸，驱动制动夹钳，使风轮停止转动。在两个回路中各装有两个压力传感器，以指示系统压力，控制液压泵站补充液压油和确定制动机构的状态。

定桨恒速风力发电机组的液压系统原理见图 2-14。

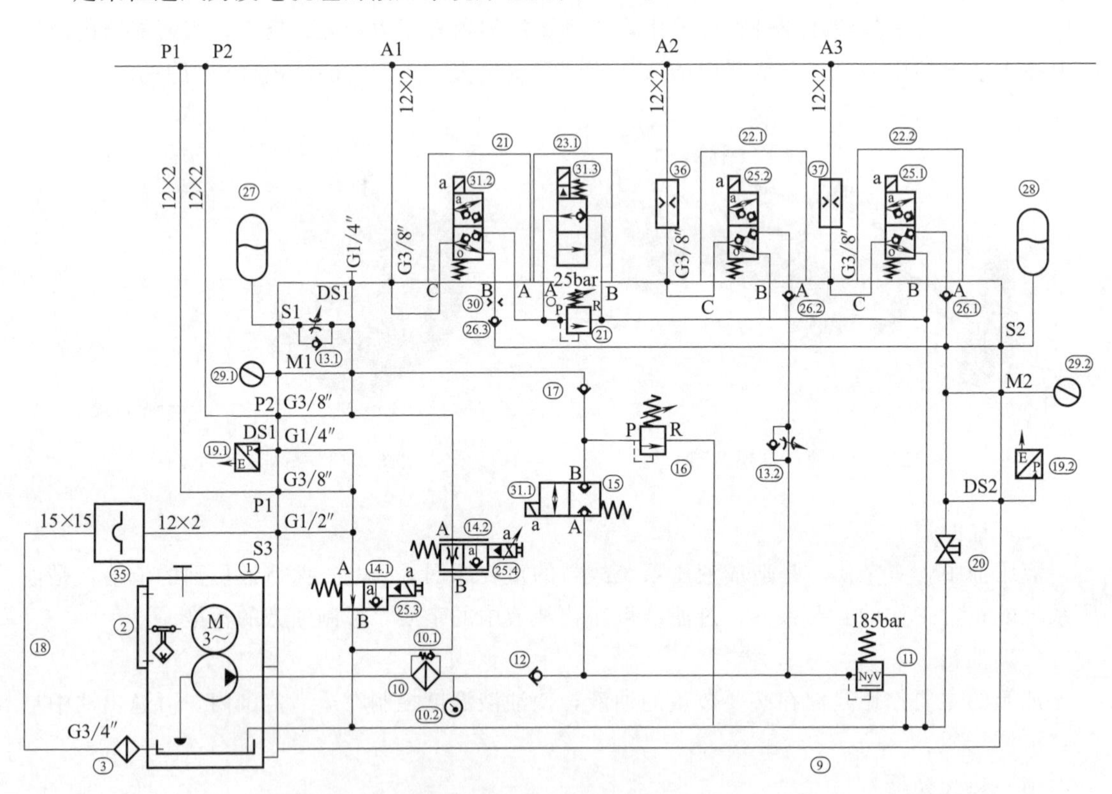

图 2-14 定桨恒速风力发电机组的液压系统原理图

2. 变桨距风力发电机组的液压系统

在变桨距风力发电机组中，液压系统主要控制变桨距机构，实现风力发电机组的转速控制、功率控制，同时也控制机械刹车机构。

液压变桨距系统以液压伺服阀作为功率放大环节，以液体压力驱动执行机构，其组成如图 2-15 所示。

控制策略核心是变桨角度反馈闭环控制，角度设定依赖于叶轮转速。角度设定与反馈的偏差信号送入变桨角度伺服控制器，从而控制桨叶角度及叶轮转速，亦即发电机输出的电气功率。

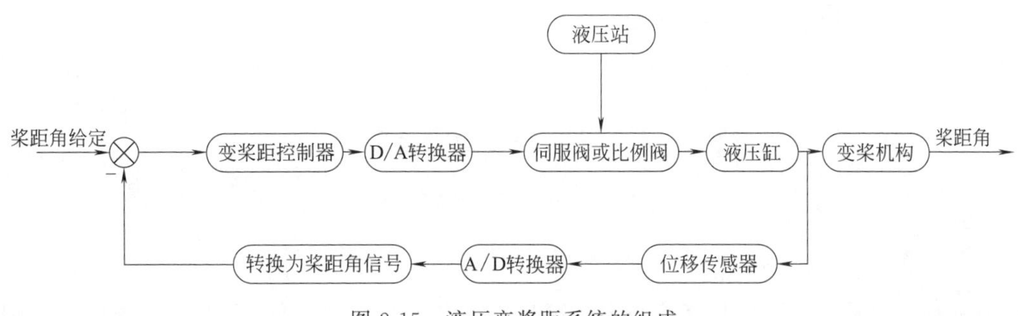

图 2-15 液压变桨距系统的组成

习 题

1. 定桨恒速风力发电机组是制动系统的执行机构，通常它由两个压力保持回路组成：一路通过蓄能器供给__________________；一路通过蓄能器供给__________________。

2. 当需要停机时，液压两回路中的____________先后失电，叶尖扰流器一路液压油被泄回______，叶尖动作；稍后，机械制动一路液压油进入制动液压缸，驱动_______，使叶轮停止转动。

3. 液压系统一般有几种工作状态？分别是什么？

第三节 偏航系统

偏航系统是水平轴式风力发电机组不可缺少的组成之一。它的主要作用有两个：一是与风力发电机组的控制系统相互配合，使风力发电机组的风轮始终处于迎风状态，充分利用风能，提高风力发电机组的发电效率；二是提供必要的锁紧力矩，以保障风力发电机组的安全运行。

1.5MW 模拟偏航演示

一、偏航系统的结构组成

风力机的偏航系统由偏航控制机构和机械驱动机构两大部分组成，其中偏航控制机构包括风向风速传感器、偏航控制器和解缆传感器，机械驱动机构包括偏航轴承、偏航驱动装置、偏航制动器和偏航计数器。偏航控制机构是风力机特有的伺服系统，机械驱动机构则是偏航系统的执行机构。图 2-16 是偏航控制系统的结构框图。

二、偏航控制机构

1. 风向风速传感器

风向风速传感器又称为风向风速计，它是用来测量风向和风速的。风向传感器有很多种类，但一般都是采用螺旋式，而风速传感器主要用于变桨距来配合偏航控制。风力机上安装的风向风速计与气象和气候分析所用的测风设备有一些区别：一是因为只用于控制偏航系统的工作，并不用于风向、风速的精确计量，因此通常精度较低；二是风向仪安装在机舱顶

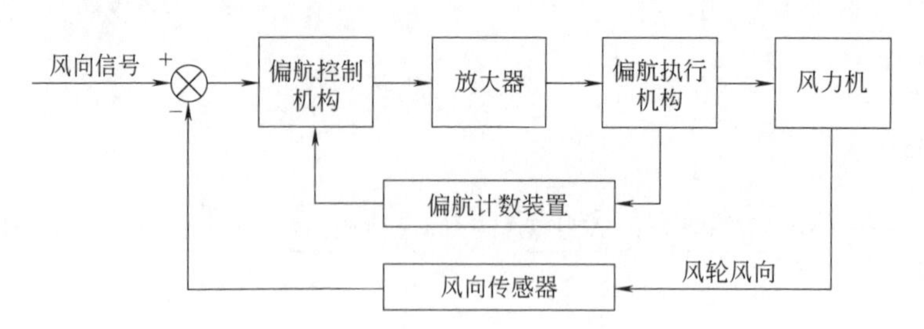

图 2-16 偏航控制系统的结构框图

部，随机舱一起转动，因此只能测量出机舱与来风方向的大致角度，以判断从哪个方向偏航对风，并不能检测出风的实际方向。因此风力机上所使用的风向仪和测风装置上的风向仪在结构和原理上有很大区别。图 2-17 是风向传感器。

图 2-17 风向传感器

2. 偏航控制器

偏航控制器负责接收和处理信号，根据控制要求，发送控制命令。通常采用单片机等微处理器作为偏航控制器。随着数字处理信号技术的发展，采用嵌入式微处理器或者 DSP 等作为控制器成为研究应用的趋势。

3. 解缆传感器

由于风力机总是选择最短距离、最短时间内偏航对风，有时由于风向的变化规律，风力机有可能长时间往一个方向偏航对风，这样就会造成电缆的缠绕。如果缠绕圈数过多，超过了规定的值，将造成电缆的损坏。为了防止这种现象的发生，通常安装有解缆传感器。解缆传感器安装在机舱底部，通过一个尼龙齿轮与偏航大齿圈啮合，这样在偏航过程中，尼龙齿轮也一起转动。通过蜗轮、蜗杆和齿轮传动多级减速，驱动一组凸轮，每个凸轮推动一个微动开关工作，发出不同的信号指令。微处理器通过各个微动开关的信号来判断是否需要解缆、向哪个方向解缆以及何时停止解缆等。

三、偏航机械驱动机构

风力发电机组的偏航系统一般有外齿形式和内齿形式两种。偏航驱动装置可以采用电动机驱动或液压马达驱动。制动器可以是常闭式或常开式。常开式制动器一般是指有液压力或电磁力拖动时，制动器处于锁紧状态的制动器；常闭式制动器一般是指有液压力或电磁力拖动时，制动器处于松开状态的制动器。采用常开式制动器时，偏航系统必须具有偏航定位锁紧装置或防逆传动装置。

1. 偏航轴承

常用的偏航轴承有滑动轴承和回转支承两种类型。滑动轴承常用工程塑料做轴瓦，这种材料即使在缺少润滑的情况下也能正常工作。偏航轴承的轴承内外圈分别与机组的机舱和塔体用螺栓连接。轮齿可采用内齿或外齿形式。外齿形式是轮齿位于偏航轴承的外圈上，加工相对来说比较简单；内齿形式是轮齿位于偏航轴承的内圈上，啮合受力效果较好，结构紧凑。具体采用内齿形式或外齿形式，应根据机组的具体结构和总体布置进行选择。偏航齿圈的结构简图，如图 2-18 所示。

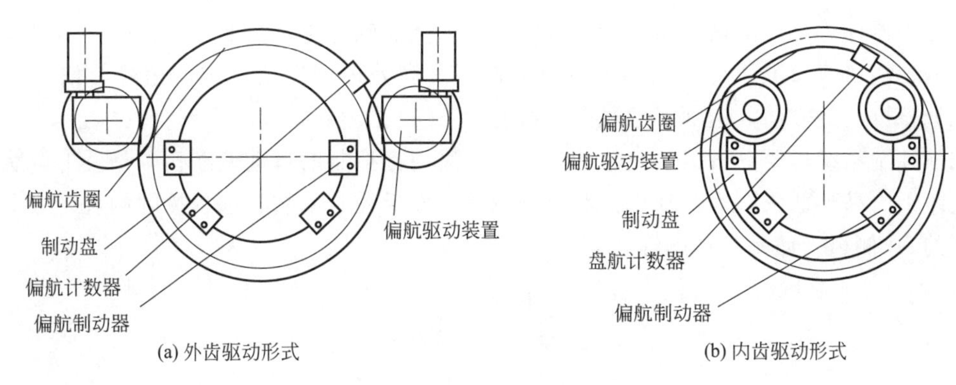

图 2-18 偏航齿圈的结构简图

2. 偏航驱动装置

驱动装置一般由驱动电动机（驱动马达）、减速器、传动齿轮、轮齿间隙调整机构等组成。驱动装置的减速器一般可采用行星减速器或蜗轮蜗杆与行星减速器串联。传动齿轮一般采用渐开线圆柱齿轮。驱动装置也包括偏航电机和偏航减速齿轮机构。偏航驱动装置通常采用开式齿轮传动，大齿轮固定在塔架顶部静止不动，多采用内齿轮结构，小齿轮由安装在机舱上的驱动器驱动。

3. 偏航制动器

为了保证风力机停止偏航时不会发生因叶片受风载荷而被动偏离风向的情况，风力机上多装有偏航制动器。偏航制动器是偏航系统中的重要部件。制动器应在额定负载下制动力矩稳定，其值应不小于设计值。偏航制动器一般采用液压控制。制动盘通常位于塔架或塔架与机舱的适配器上，一般为环状。制动盘的材质应具有足够的强度和韧性。偏航制动器结构见图 2-19。

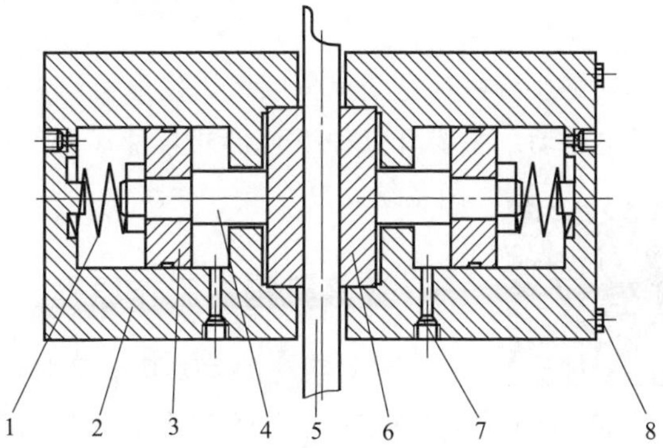

1 2 3 4 5 6 7 8

图 2-19 偏航制动器结构图

1—弹簧；2—制动钳体；3—活塞；4—活塞杆；5—制动盘；6—制动衬块；7—接头；8—螺栓

4. 偏航计数器

偏航计数器是记录偏航系统旋转圈数的装置。当偏航系统旋转的圈数达到设计所规定的初级解缆和终极解缆圈数时，计数器则给控制系统发信号，使机组自动进行解缆。计数器一般是一个带控制开关的蜗轮蜗杆装置或是与其相类似的程序。

四、偏航控制系统的功能

偏航系统是风力发电机组特有的伺服系统，是风力发电机组电控系统必不可少的重要组成部分。它的功能有两个：一是要控制风轮跟踪变化稳定的风向；二是当风力发电机组由于偏航作用，机舱内引出的电缆发生缠绕时，自动解除缠绕。

风力机偏航的原理是通过风传感器检测风向、风速，并将检测到的风向信号送到微处理器，微处理器计算出风向信号与机舱位置的夹角，从而确定是否需要调整机舱方向以及朝哪个方向调整能尽快对准风向。当需要调整方向时，微处理器发出一定的信号给偏航驱动机构，以调整机舱的方向，达到对准风向的目的。

偏航控制系统主要具备以下几个功能：一是风向标控制的自动偏航；二是人工偏航，按其优先级别由高到低依次为：顶部机舱控制偏航、面板控制偏航、远程控制偏航；三是风向标控制的90°侧风；四是自动解缆。

习　　题

1.偏航阻尼有两种形式，______________或者__________。如采用制动夹钳，则可在偏航过程中动态调节阻尼的大小，偏航系统驱动功率的选择与____________________等参数直接相关。

2.偏航系统的主要功能是什么？

3.简述偏航控制过程。

第四节　变桨机构

变桨执行机构是变速恒频风力发电机组控制系统的一个重要组成部分，通常采用液压驱动或电驱动。主要有三种组合形式：液压变桨距系统、电动变桨距系统、电-液结合的变桨距系统。

风力发电机组变桨机构的拆装

一、变桨机构的工作原理

变桨系统的主要功能是通过调节叶片对气流的攻角，改变风力机的能量转换效率，从而控制风力发电机组的功率输出。在机组需要停机时，变桨系统还提供空气动力制动，通常采用液压驱动或电动驱动。

大容量的风力发电机组采用独立的变桨执行机构已成为发展趋势，其优势在于可以取代机组在其他情况下所需要的机械制动机构。一台机组至少需要两个独立的制动系统，以确保故障情况下风力发电机组能从满载状态脱网，并安全地过渡到停机状态。如果每一个变桨执行机构可以做到独立地安全制动，即使是在其他变桨执行机构失效时，只要有一个变桨机构动作，就可以将风轮转速降低到安全转速，则多个变桨执行机构可以被认为是独立的制动系统，因此整个系统就有了三个独立的制动系统。独立变桨控制要求每个叶片在轮毂里都有各自的执行机构，因此必须向旋转的轮毂输送动力来驱动执行机构。

液压执行机构可以使用液压旋转接头来实现，电动执行机构一般通过集电环来做到这一点。除了动力回路外，还需要一些信号回路，如交互控制信号、状态反馈和必要的安全联锁信号等。

二、变桨系统的主要部件

变桨系统主要组成零部件有轮毂、变桨轴承、变桨驱动装置、叶片锁定装置、指针、撞块、电池柜以及变桨控制系统等。

1. 轮毂

（1）轮毂的作用

变桨系统的所有部件都安装在轮毂上。风机正常运行时，所有部件都随轮毂以一定的速度旋转，变桨系统通过控制叶片的角度来控制风轮的转速，进而控制风机的输出功率，并能够通过空气动力制动的方式使风机安全停机。风机的叶片（根部）通过变桨轴承与轮毂相连，每个叶片都要有自己的相对独立的电控同步的变桨驱动系统。

（2）轮毂的结构

由于风力发电机组叶片上所承受的复杂的静动载荷直接通过叶片轴承传递到轮毂上，所以轮毂的受力情况非常复杂。由于轮毂上带有法兰盘和3个检查孔，当承受交变载荷时，法兰盘的检查孔处由于形状和结构突变，很容易造成应力集中。轮毂可以是铸造结构，如图2-20所示，也可是焊接结构。

图2-20 风力发电机轮毂结构图

2. 变桨轴承

变桨轴承安装在轮毂上，通过外圈螺栓固定。其内齿圈与变桨驱动装置啮合运动，并与叶片连接。

（1）变桨轴承工作原理

当风向发生变化时，通过变桨驱动电机带动变桨轴承转动，从而改变叶片对风向的迎角，使叶片保持最佳的迎风状态，由此控制叶片的升力，以达到控制作用在叶片上的扭矩和功率的目的。

（2）变桨轴承结构

从剖面图2-21可以看出，变桨轴承采用深沟球轴承。深沟球轴承主要承受纯径向载荷，也可承受轴向载荷。承受纯径向载荷时，接触角为零。

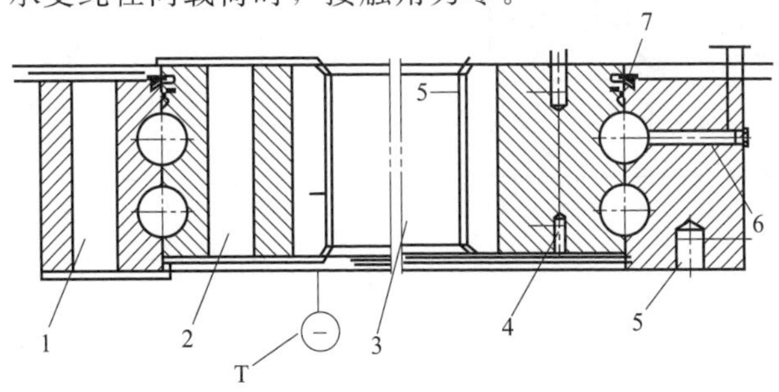

图2-21 变桨轴承结构剖面图

图 2-21 中，1 为变桨轴承外圈螺栓孔，与轮毂连接；2 为变桨轴承内圈螺栓孔，与叶片连接；3 为 S 标记，轴承淬硬轨迹的始末点，此区轴承承受力较弱，要避免进入工作区；4 为位置工艺孔；5 为定位销孔，用来定位变桨轴承和轮毂；6 为进油孔，在此孔打入润滑油，起到润滑轴承作用；7 为最小滚动圈直径的标记（啮合圈）。

3. 变桨驱动装置

变桨驱动装置由变桨电机和变桨齿轮箱两部分组成。变桨驱动装置通过螺柱与轮毂配合连接。变桨齿轮箱前的小齿轮与变桨轴承内圈啮合，并保证啮合间隙应在 0.2～0.5mm 之间，间隙由加工精度保证，无法调整。

驱动装置示意图如图 2-22 所示。图中 1 为压板用螺纹孔，用于安装小齿轮压板；2 为驱动器吊环，用于起吊安装变桨驱动器；3 为螺柱，与轮毂连接用；4 为电机接线盒。

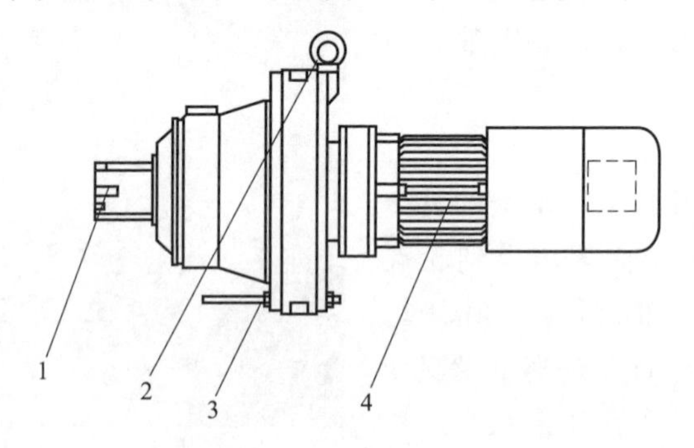

图 2-22 驱动装置示意图

4. 顺桨接近撞块和变桨限位撞块

变桨限位撞块安装在变桨轴承内圈内侧，与缓冲块配合使用。

当叶片变桨趋于最大角度的时候，变桨限位撞块会运行到缓冲块上，起到变桨缓冲作用，以保护变桨系统，保证系统正常运行。撞块的结构如图 2-23 所示，图中顺桨接近撞块安装在变桨限位撞块上，与顺桨感光装置配合使用。

5. 极限工作位置撞块和限位开关

极限工作位置撞块安装在内侧两个对应的螺栓孔上，结构如图 2-24 所示。

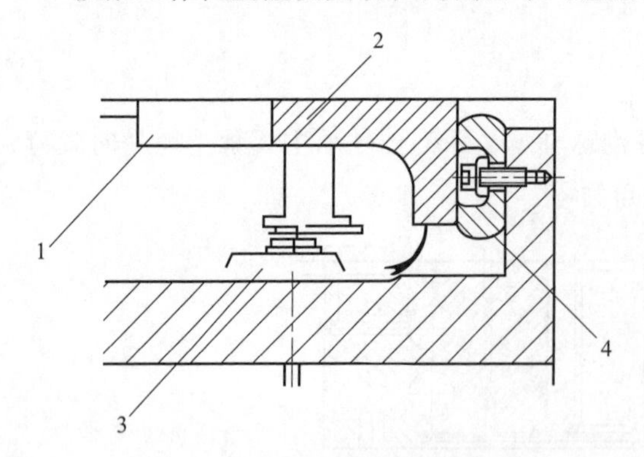

图 2-23 撞块的结构图

1—变桨限位撞块；2—顺桨接近撞块；3—顺桨感光装置；4—缓冲块

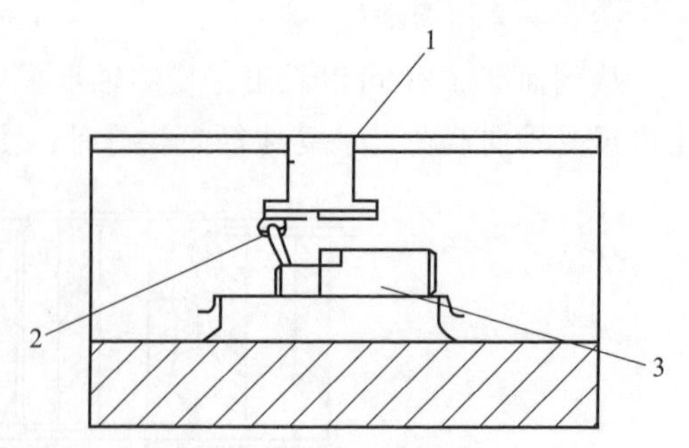

图 2-24 极限工作位置撞块和极限开关安装位置

1—极限工作位置撞块；2—限位开关撞杆；3—限位开关

当变桨轴承趋于极限工作位置时，极限工作位置撞块就会运行到限位开关上方，与限位开关撞杆作用。限位开关撞杆安装在限位开关上，当其受到撞击后，限位开关会把信号通过电缆传递给变频柜，提示变桨轴承已经处于极限工作位置。

6. 电池柜

电池柜系统的作用是保证变桨系统在外部电源中断时可以安全操作。电池柜是通过二极管连接到变频器共用的直流母线供电装置，在外部电源中断时，由电池供应电力，保证变桨系统的安全工作。每一个变频器都有一个制动断路器，在制动状态时避免过高电压。

7. 变桨控制系统

变桨距风力发电机组控制系统在额定风速以下时，风力机按照固定的桨距角运行，由发电机控制系统来控制转速，跟踪风力机的最佳叶尖速比，从而获得最大风能利用系数，风力机的转速随着风速的增加面增加；在额定风速以上时，风力机作变桨运行，依靠机械调节，改变风能利用系数，从而控制风电机组的转速和功率，避免风电机组超出转速极限和功率极限运行。

三、液压变桨距系统

液压变桨距执行机构利用液压缸作为原动机，通过偏心块推动桨叶旋转，具有响应速度快、扭矩大、稳定可靠等特点。

液压变桨距机构有两种方案：

① 通过安装在轮毂内的三个液压缸分别驱动三个叶片（独立变桨）；

② 液压站和液压缸放在机舱内，通过一套曲柄连杆机构同步推动单个桨叶旋转（统一变桨）。

液压驱动变桨距系统主要由推动杆、支承杆、导套、防转装置、同步盘、短转轴、连杆、长转轴、偏心盘、桨叶法兰等部件组成，如图 2-25 所示。

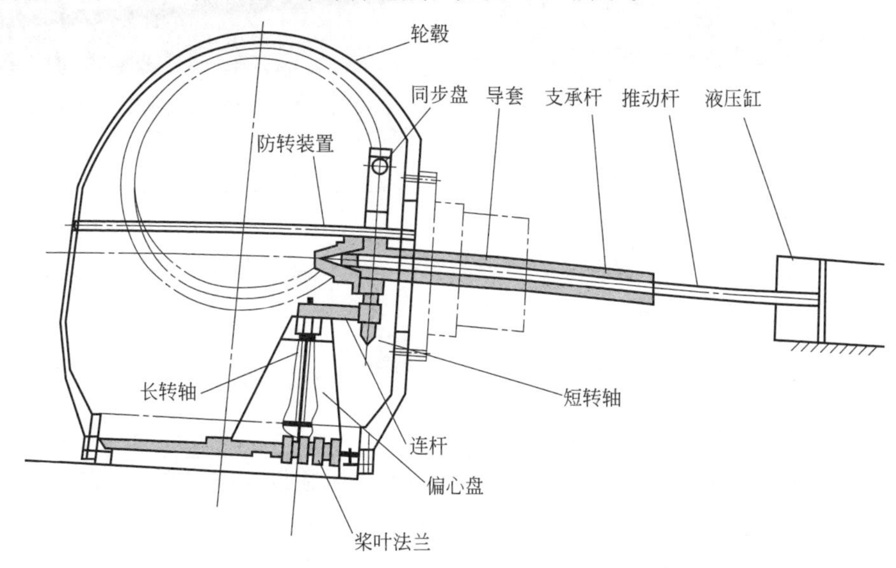

图 2-25 液压驱动变桨距结构图

四、电动变桨距系统

通过机舱上面的风速仪测量风速，把信息传送到塔底柜，经过分析信息，把变桨的信息传送到轮毂变桨系统的中心箱，中心箱再把信息转发给3个轴箱，轴箱再通过变桨驱动来调节叶片的变桨角度。变桨角度的信息是通过绝对编码器组件来测量的。叶片轴承的内齿圈和绝对编码器的测量小齿轮啮合，测量小齿轮把叶片转动的信息传给绝对编码器，经过绝对编码器的记数作用把叶片转动的角度进行测量。当绝对编码器组件不起作用时，通过限位开关来保证变桨角度不会过大。在安装好控制系统后，要设计合理的接线方法，把各控制系统组件的线固定好，以防止轮毂在转动时发生接线的故障。

单个叶片变桨距装置一般包括控制器（变桨控制箱）、伺服驱动器、伺服电动机（变桨电机）、变桨减速器、变桨轴承、传感器、角度限位开关、蓄电池、叶片锁定装置等，如图2-26所示。

① 伺服电动机　变桨距系统常用的伺服电动机有异步电动机、无刷直流电动机和三相永磁同步电动机。

② 叶片轴承　是连接轮毂和叶片的组件。叶片轴承的内圈连接叶片，外圈固定在轮毂上。叶片轴承的内齿与变桨齿轮箱啮合，如图2-27所示。

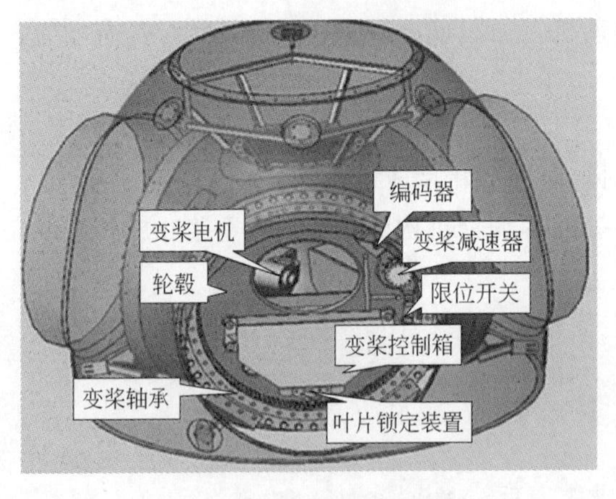

图2-26　变桨距系统示意图

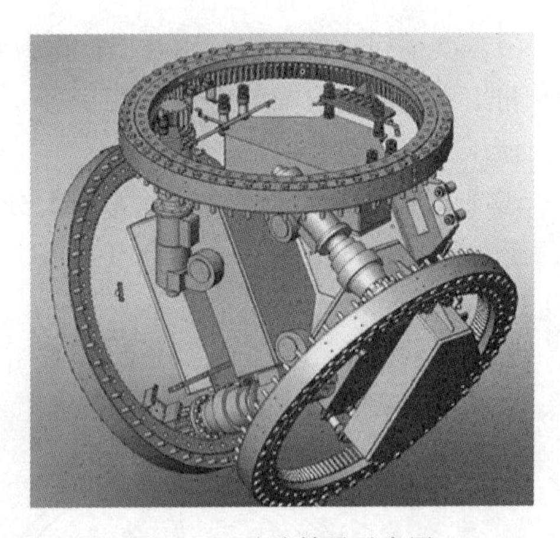

图2-27　叶片轴承示意图

③ 变桨齿轮箱　固定在轮毂的工艺安装面上，通过变桨齿轮箱齿轮的转动实现叶片轴承内圈的转动，完成叶片的变桨。

④ 叶片锁定装置　是为了对叶片检修或轮毂检修而设计的防止叶片转动的机械装置。

习　　题

1.变桨系统的主要功能是通过调节桨叶对气流的__________，改变风力机的能量转换效率，从而控制风力发电机组的__________。变桨系统在机组需要停机时提供空气动力制动，通常采用__________驱动或__________驱动。

2.大容量的风力发电机组采用__________的变桨执行机构已成为发展趋势，其优势在于可以取代机组在其他情况下所需要的机械制动机构。因为一台机组至少需要__________独立的制动系统，以确保故障情况下风力发电机组能从满载状态脱网，并安全地过渡到停机状态。

3. 独立变桨控制要求每个桨叶在轮毂里都有各自的执行机构，因此必须向旋转的轮毂输送动力来驱动执行机构。对于液压执行机构可以使用__________来实现，而对于电动执行机构一般通过__________来做到这一点。

第五节 变流系统

一、双馈变流器的组成

双馈变流器功率大约为发电机功率的 30%，位于绕线转子异步发电机的转子和电网之间。相对于全功率逆变来说，双馈变流减小了变流损失，降低了变流器的成本。

双馈变流器由配电部分、主控部分、进线滤波部分、网侧变流器、转子侧变流器和 Crowbar 保护电路组成，如图 2-28 所示。

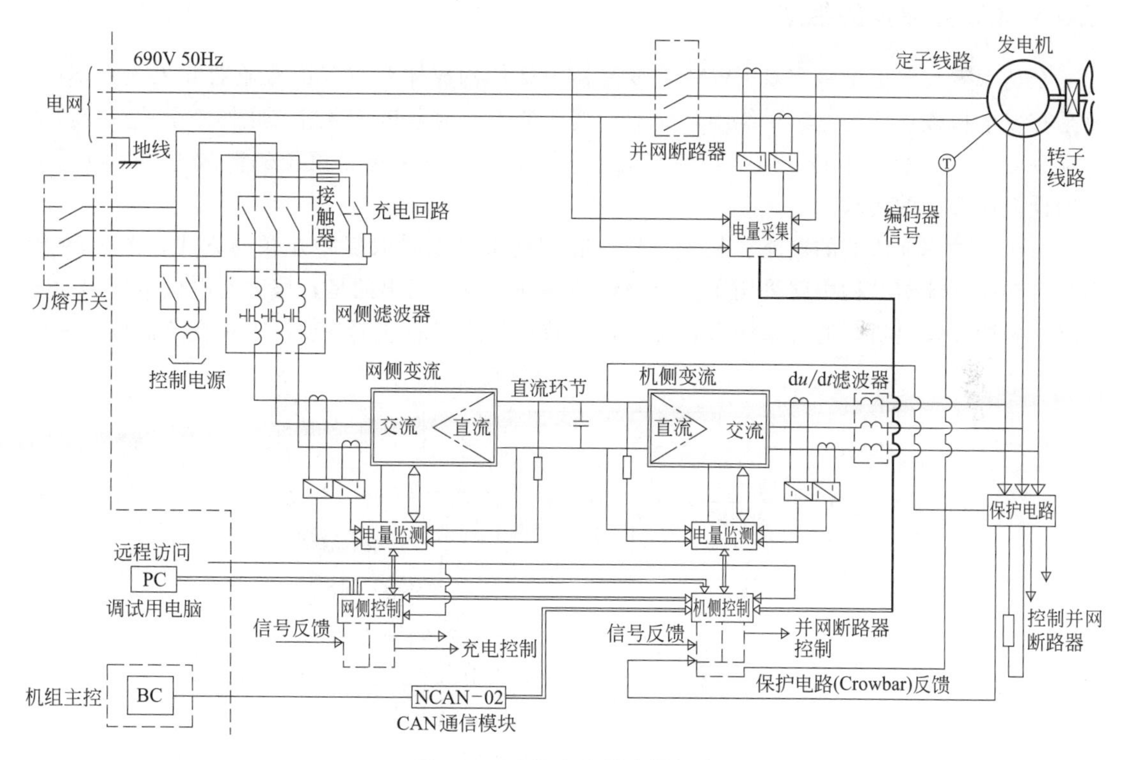

图 2-28 双馈变流器内部组成

二、双馈变流器各功能模块的作用

配电部分主要为并网断路器、防雷保护电路、辅助电源电路等，各整机集成厂商对此部分都可能有不同的要求，而其他部分通常是变流器制造商的标准配置。

主控部分是整个变流器的控制核心，负责对网侧变流器和机侧变流器的控制，负责对风力发电机组控制器和用户 PC 的通信控制，以及对并网断路器的控制，同时要监测变流器的状态并做出及时的响应。

进线滤波部分承担着网侧低通滤波的任务，使变流器的输入输出电流能正弦化，减小高频谐波的影响。此外，还有使变流器直流电容预充电的功能，避免变流器投入工作时的瞬间冲击电流。

网侧变流器（ISU）是直流电压和电网之间的过渡，作用是使直流过渡电压不受转子功率大小及方向的影响。

机侧变流器（INU）控制转子电流的幅值和相位，从而控制发电机的转矩和功率因数。因转子交流器承担着调节整机无功功率的任务，会流过很大的无功电流，因而其容量大于网侧变流器容量。转子侧输出经过 du/dt 滤波器连接发电机转子，du/dt 滤波器起到抑制电压瞬变和峰值的作用。

Crowbar 保护电路在电网或发电机出现意外故障时起作用。当电网或发电机定子出现短路时，将造成转子电压瞬间上升，Crowbar 电路将能吸收这部分瞬间能量，以保护发电机和变流器。如以全控电力器件构建 Crowbar 电路并配以后备 UPS 电源，则可以实现电网低电压穿越。

三、全功率变流器的组成

全功率变流器也是一个双 PWM 的变流器，硬件构成体系与双馈变流器并无太大不同，只是在发电机侧连接的是定子绕组，而双馈变流器连接的是转子绕组。此外，全功率变流器不配备 Crowbar 保护电路，但全功率变流器需要在直流环节配备可控的泄放电阻，以适应电网低电压穿越的要求。

由于全功率变流器的换流容量大，所以在架构上可以采取多路并联的方式，图 2-29 所示的全功率变流器结构中就采用了三个通道的并联。值得指出的是，风力发电机组使用的兆瓦级永磁同步发电机，通常采用多相绕组，以减小直流侧的电压波动，于是变流器也可采用

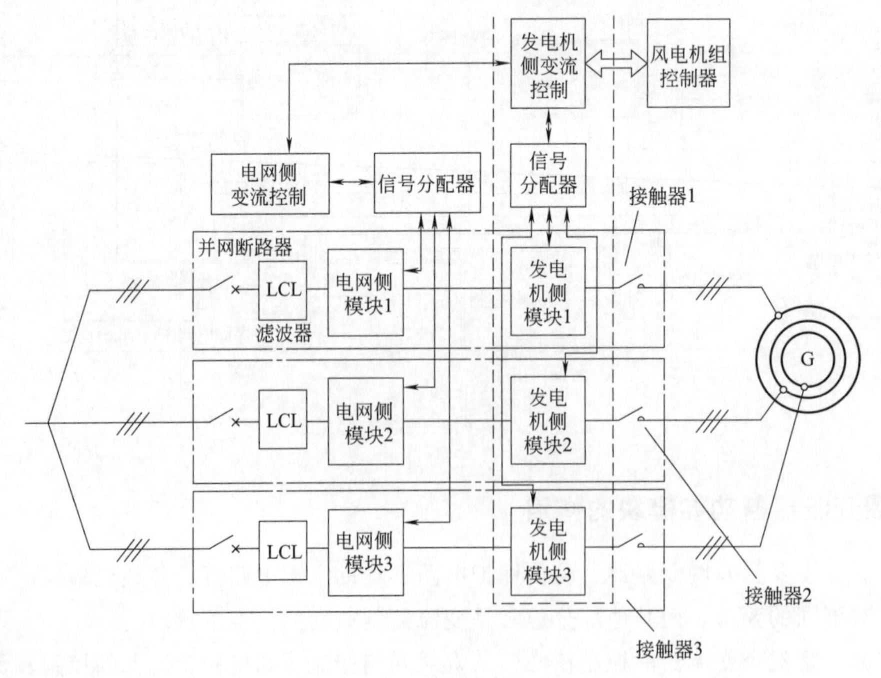

图 2-29　全功率变流器结构

每个通道对应一组发电机三相绕组的接法。

在变流器与发电机定子绕组间应配备一个开关，防止在维修时，由于永磁发电机自由运转而在发电机定子绕组产生空载电动势，造成人身伤害。

四、变流器的控制

变流器是风力发电机组中的一个执行元件，受风力发电机组控制系统的控制，其通信方式一般为现场总线（CANopen 、Profibus-DP 等），通信速率通常为 1Mbit/s 或 500Kbit/s，其运行给定值通常为无功功率、转矩。

用户可以用 PC 通过光纤或网线连接变流器进行配置和调试。

发电机尾部的编码器信号将通过双绞双屏蔽信号线接到变流器。无速度传感器的控制方式由于控制计算延时较大，目前还没有得到广泛应用。

变流控制的实现通常有两种方法。

（1）矢量控制

矢量控制变频技术被大多数变流器制造商所采用，其实质是通过坐标变换将异步电机转换为等效的直流电机，从而独立控制电流的励磁分量和转矩分量，使异步电机获得能和直流电机相媲美的动态控制性能。

（2）直接转矩控制

直接转矩控制变频技术在大功率变流器领域中为 ABB 所独有，其特点是不需要模仿直流电机的控制，而是直接在电机定子坐标系下分析交流电机的数学模型，从而控制磁链和转矩。因此，它所需要的信号处理工作特别简单，控制手段直接，能获得转矩的高动态性能，转矩响应比矢量控制更快。

习　　题

1. 双馈变流器位于异步发电机的__________和__________之间，其功率大约为发电机功率的__________。

2. 双馈变流器由配电部分、主控部分、进线滤波部分、__________、__________和__________组成。

3. 全功率变流器也是一个双__________的变流器，在发电机侧连接的是__________绕组，全功率变流器不配备__________，但全功率变流器需要在直流环节配备可控的__________以适应电网低电压穿越的要求。

第六节 安全保护控制回路传感器

一、安全保护

风力发电机组的安全保护系统，包括机组运行安全保护系统，微控制器抗干扰保护系统，微控制器的自动检测功能，安全链，防雷保护，接地保护。

1. 机组运行安全保护系统

（1）大风保护安全系统

风速达到25m/s（10min）为切出风速，关机前功率输出；关机时机组按照程序安全停机；关机后偏航90°背风。

（2）电网失电保护

电网失电，空气动力制动和机械制动系统动作，相当于执行紧急关机程序。

（3）参数越限保护

风力发电机组运行中，当参数数据达到限定值时，控制系统根据设定好的程序自动处理。

① 超速保护　当转速传感器检测到发电机或风轮转速超过额定转速的110%时，控制器给出正常关机指令。叶尖扰流器制动液压系统设有独立超速保护装置——“突开阀”，控制系统失效时停机。

② 过电压保护　电气装置元件瞬间高压冲击保护。对控制系统交流电源进行隔离稳压，装置高压瞬态吸收元件。

③ 过电流保护　控制系统所有的电气电路（除安全链外）必须加过电流保护器，如熔丝、断路器等。

（4）振动保护

机组应设有三级振动频率保护。

（5）开机保护

① 定桨距风力发电机组　软切入控制，限制并网对电网的电冲击。

② 同步风力发电机　同步、同相、同压并网控制，限制并网电流冲击。

（6）关机保护

小风、大风及故障情况时，空气动力制动后软切除脱网关机。

2. 微控制器抗干扰保护系统

保护微机控制系统或控制装置既不因外界电磁干扰的影响而误动作或丧失功能，也不向外界发送过大的噪声干扰，以免影响其他系统或装置正常工作。

3. 微控制器的自动检测功能

微控制器应能够对系统的故障进行自动检测。利用自动检测和修复方法，可以使控制系统的故障自动消除，或者使系统操作者能更快地发现故障部件，迅速修复，以达到微控制器安全运行的目的。

4. 安全链

安全链是独立于计算机系统的最后一级保护措施，将可能对风力发电机组造成致命伤害的故障节点串联成一个回路，一旦其中有一个动作，便会引起紧急关机反应。

5. 防雷保护

雷击保护的原理是使风电机组的所有部件保护电位平衡，提供便捷的接地通道来释放雷电，避免高能雷电的积累。一般吸收雷电波使用避雷器或防雷组件。如图2-30所示。

（1）直击雷防护（图2-30）

直击雷放电通道：叶尖接闪器→避雷针→机舱外壳→引导体→直击雷地网。

（2）机组等电位连接

机舱内可导电部分进行等电位连接；叶片、主轴承、发电机、齿轮箱、液压系统等做等电位连接接地；塔筒底部与接地网可靠连接（不少于4点连接），机舱等电位接地端子排与塔筒可靠连接；塔底配电、控制设备外壳做等电位连接。

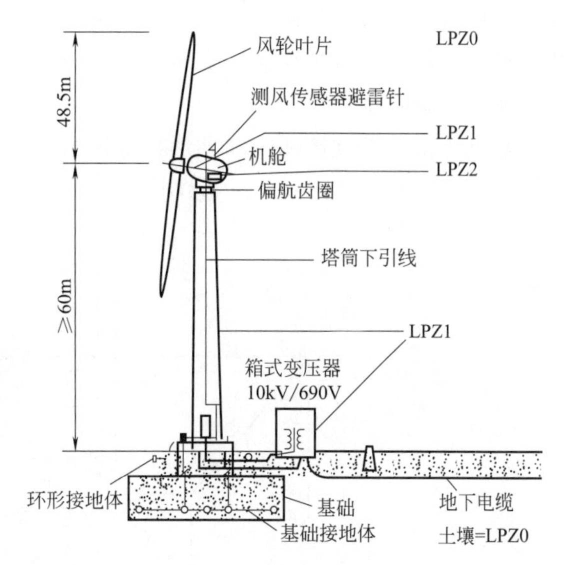

图 2-30 雷电防护示意图

（3）机舱防雷

① 机舱内电气感应雷产生　机组受雷击，机舱内部件易受到雷电感应高电压而损坏；机舱-塔筒间电源线及信号线受雷电感应，高电压损坏设备。

② 机舱内电气感应雷防护　对发电机、控制器、继电保护和通信系统安装相应的过电压保护装置；AC/DC电源线路、控制线路、传感器线路等应用屏蔽线，屏蔽线两端做等电位连接。

（4）电源防雷

第1级使用雷击电涌保护器；第2级使用电涌保护器；第3级使用终端设备保护器。图2-31为三级防雷保护措施示意图，发电机输出端（690V）到塔底并网柜安装电源浪涌保护器SPD，塔底配电柜（690V）到变压器电源线路安装电源浪涌保护器，机舱到轮毂（400V/230V）配电线路安装电源浪涌保护器，塔底控制柜（230V）到机舱柜配电线路安装电源浪涌保护器，塔底控制柜到机舱控制柜（24V）、机舱控制柜到变桨柜（24V）安装24V电源浪涌保护器。

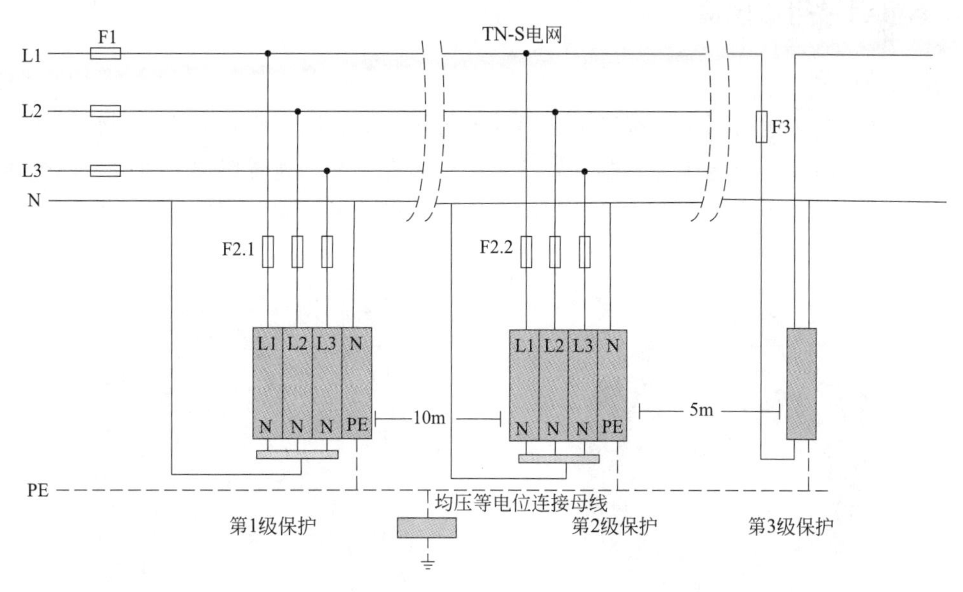

图 2-31 三级防雷保护措施示意图

（5）信号线路防雷

测控信号线路（如风向标、风速仪的线路）：在柜内的变送器前端加装模拟信号防雷器或开关信号防雷器进行保护；机舱柜到变桨柜信号线安装信号防雷器；机舱到塔底信号线安装信号防雷器；机组光纤通信安装金属部分在进光端机前做等电位连接。

（6）基础防雷

基础防雷由垂直接地体和环形接地体组成。工频接地电阻小于 4Ω。环形接地体 4 点钢条焊接。图 2-32 为基础防雷示意图。

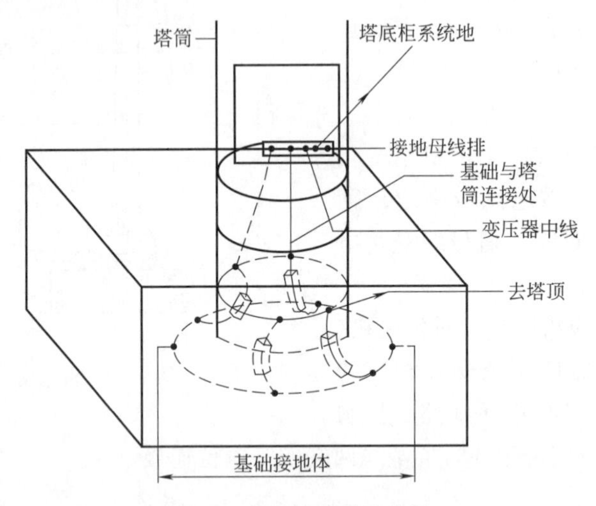

图 2-32 基础防雷示意图

6. 接地保护

接地的主要作用：一方面是为保证电气设备安全运行，另一方面是防止设备绝缘被破坏时可能带电，以致危及人身安全。同时保护装置能迅速切断故障回路，防止故障扩大。

二、风电机组常用传感器

1. 转速传感器

风力发电机组转速的测量点有三个，即发电机输入端转速、齿轮箱输出端转速和风轮转速。发电机输入端有一个转速传感器，齿轮箱输出端有一个转速传感器，风轮有两个转速传感器，还有两个转速传感器安装在机舱与塔筒连接的齿轮上，用来识别偏航旋转方向。转速传感器及其安装参见图 2-33 和图 2-34。

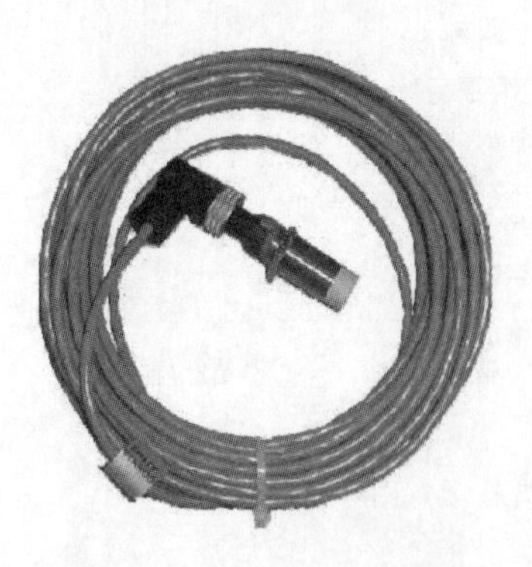

图 2-33 转速传感器实物图

图 2-34 转速传感器安装图

2. 偏航限位开关及偏航计数传感器

从机舱到塔筒间布置的柔性电缆，由于偏航控制会变得扭曲。如果在扭曲达到 2 圈后正好由于风速原因导致风机停机，此时主控系统将会使机舱旋转，直到电缆不再扭曲。如果一直在扭曲达到 3 圈还是不能进行解缠绕，系统将产生正常停机程序，使电缆解缠绕。当电缆扭曲达到±4 圈后，安全回路将会中断，紧急停机。偏航限位开关及其安装参见图 2-35 和图 2-36。

图 2-35 偏航限位开关实物图

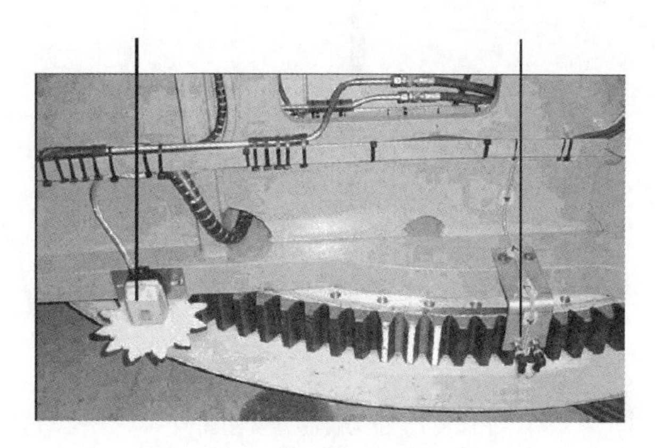

图 2-36 偏航限位开关安装图

3. 风速

风机配有两个装在相配支架上的加热风速计。支架有一个接地环，对风速计提供避雷功能，电缆铺设在穿线管中。图 2-37 为风速仪。

4. 风向

两个风向计也安装同一个支架上，能 360°范围测量。为了防止结冰，风向计能根据环境温度采取适度的自动加热。图 2-38 为风向标。

图 2-37 风速仪

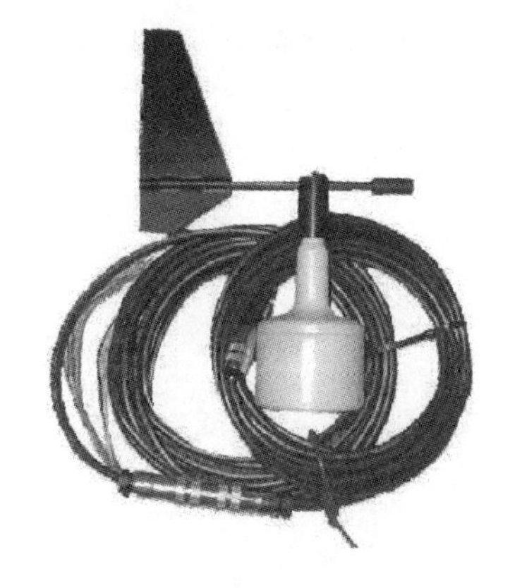

图 2-38 风向标

5. 振动传感器

振动传感器安装在主机架下部，为重力型加速度传感器。它直接连接到紧急停机回路上。如果测量值超限，立刻正常停机。图 2-39 为振动传感器。

6. 温度传感器

风力发电机组传动系统的每个部件，如发电机、齿轮箱和机舱都能产生热，这些热量不能及时散出就会损伤部件。各部件的温升监控，由温度传感器采用工业铂电阻 Pt100 进行测试。图 2-40 为温度传感器实物图。

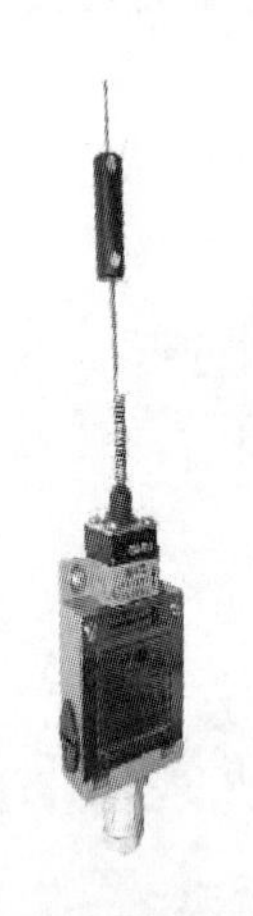

图 2-39 振动传感器实物图

图 2-40 温度传感器实物图

习 题

1. 风力发电机组的安全保护系统包括哪些？

2. 雷击保护的原理是使机组所有部件保持__________，并提供便捷的接地通道以__________，避免高能雷电的积累。一般使用__________或__________吸收雷电波。

3. 系统的__________是独立于计算机系统的硬件保护措施，也是计算机系统的最后一级保护措施，即使控制系统发生异常，也不会影响安全链的正常动作。

第三章

风力发电机组控制理论

第一节 风力发电机组控制系统基本知识

一、控制系统基本组成

控制系统贯穿风力发电机组的每一个组成部分，其子系统分布如图 3-1 所示，相当于风力发电系统的神经。控制系统的好坏，直接关系到风力发电机组的工作状态、发电效率和电能质

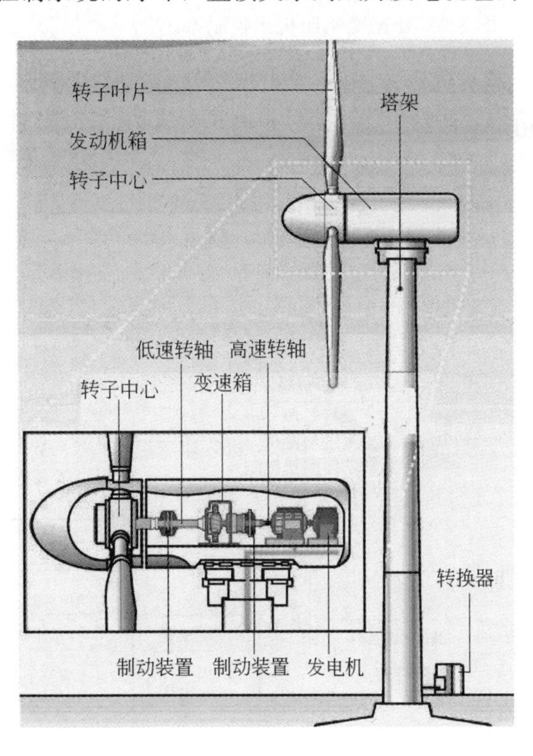

图 3-1　风力发电机组控制系统子系统分布

量，以及设备安全。

不同类型的风力发电机组，其控制单元会有所不同，主要是因发动机的结构或类型不同，以致控制方法不同，另外还有机组类型（定桨距和变桨距）的差别。因此，风力发电机组控制系统会有多种结构和控制方案，图 3-2 所示为变速变桨机组控制系统。

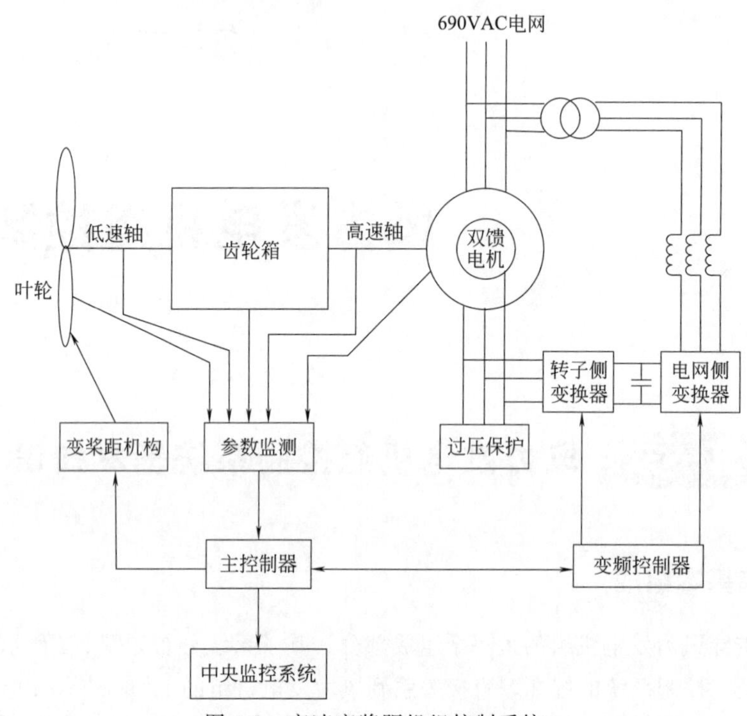

图 3-2 变速变桨距机组控制系统

一般而言，风力发电机组控制系统由传感器、执行机构和软/硬件处理器系统组成，其中处理器系统负责处理传感器输入信号，并发出输出信号控制执行机构的动作。控制系统的总体结构如图 3-3 所示。

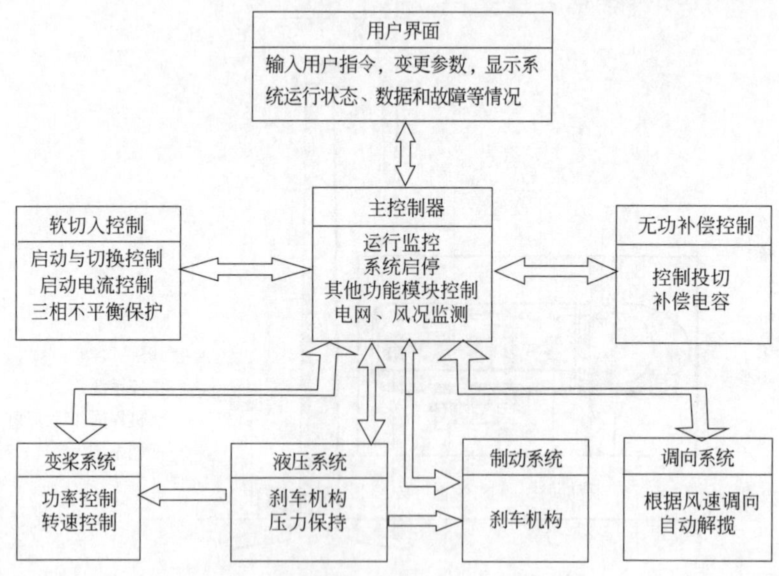

图 3-3 风力发电机组控制系统总体结构

1. 传感器

风电机组电控系统产品

风力发电机组控制系统使用的传感器一般包括：风速仪、风向标；转速传感器；电量采集传感器；桨距角位置编码器；各种限位开关（如变桨、偏航限位开关等）；振动传感器；温度传感器；油位指示器；压力传感器（如液压系统、冷却系统等）；各种操作开关和按钮等。

2. 执行机构

风力发电机组控制系统的执行机构一般包括液压驱动装置、机械制动装置、偏航系统、电动或液压变桨距执行机构（对于定桨距机组而言是叶尖扰流装置）等。

3. 软/硬件处理器系统

处理器系统通常由计算机（或微型控制器）和可靠性高的硬件安全链组成，以实现机组运行过程中的各种控制功能，同时在发生严重故障时，保障机组处于安全状态。

二、控制系统的基本目标和功能

1. 控制系统基本控制目标

① 保证风力发电机组安全可靠运行，同时高质高效地将不断变化的风能转化为频率、电压恒定的交流电，送入电网。

② 对机组的运行参数、状态进行监控显示，对故障进行处理，完成机组的最佳运行状态管理和控制。

③ 利用计算机智能控制，实现机组的功率优化。对定桨距机组，主要控制软切入、软切出、大小发电机切换以及功率因数补偿。对变桨距机组，主要控制最佳叶尖速比和额定风速以上的恒定功率控制。

2. 控制系统基本功能

风力发电机组的控制系统是一个综合系统，不仅要监视电网、风况和机组运行参数，对机组进行并网、脱网控制，以确保运行过程的安全和可靠，还要根据风速、风向的变化，对机组进行优化控制，以提高机组的运行效率和发电量。

控制系统的基本目标分为三个层次：保证可靠运行、获取最大能量、提供质量良好的电力。基本功能主要包括三个方面：一是数据采集（DAS）功能，包括采集电网、气象、机组参数，实现控制、报警、记录、曲线功能等；二是机组控制功能，包括自动启动机组、并网控制、转速控制、功率控制、无功补偿控制、自动对风控制、解缆控制、自动脱网控制、安全停机控制等；三是远程监控功能，包括机组参数、相关设备状态的控制，历史和实时曲线功能、机组运行状况的累计监测和统计分析等。具体包含以下几个方面：

① 机组正常运行控制（并网控制、最大风能捕获控制、有功/无功解耦控制、变速控制、变桨距控制、偏航对风控制、自动解缆控制、刹车控制、温度控制、液压控制等）；

② 机组运行状态监测与显示；

③ 机组运行统计；

④ 机组故障监测与处理；

⑤ 机组的安全保护；

⑥ 远程通信；

⑦ 维护功能；

⑧ 机组运行参数设置；

⑨ 人机接口。

控制系统的功能结构参见图 3-4。

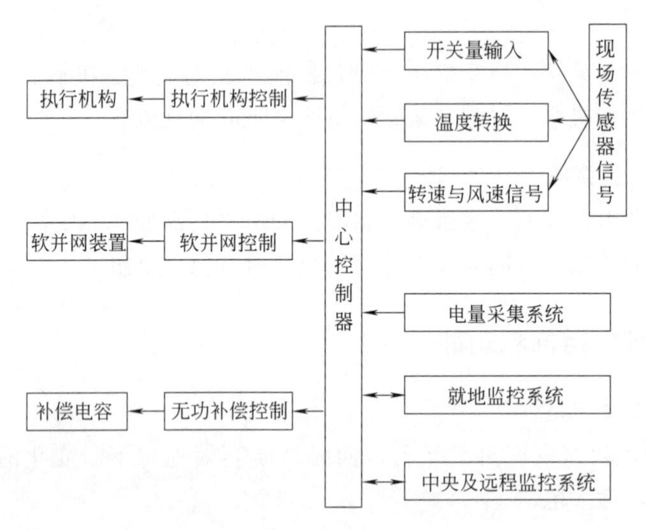

图 3-4 控制系统的功能结构

三、基本控制要求

1. 控制思想

(1) 定桨距失速型机组

当风速超过机组额定风速时，为确保风力发电机组输出功率不再增加而导致过载，通过空气动力学的失速特性，使叶片发生失速，从而控制机组的功率输出。

(2) 变速变桨距型机组

当风速超过机组额定风速时，为确保风力发电机组输出功率不再增加而导致过载，通过改变叶片的桨距角，使叶片吸收的风功率减少（风能利用系数 C_p 减小），从而控制机组的功率输出保持在恒定值（主轴转速调节，使功率调节更为及时有效、波动小）。

(3) 控制功能和参数

启停过程、桨距角、功率、主轴转速、偏航对风、扭缆保护、电气负荷的连接、电网或负荷丢失时的停机、电量和温度。

(4) 安全保护

安全保护环节以失效保护为原则进行设计，为多级安全链互锁，在控制过程中具有逻辑“与”的功能。

系统还设计了防雷保护系统，对机械和电气设备具有防雷保护功能。

控制线路中每一电源和信号输入端均设有防高压元件。

主控柜设有良好的接地，并提供简单有效的雷电传导线路。

2. 安全运行的基本条件

(1) 控制系统安全运行的必备条件

① 机组的开关出线侧相序必须与所并网的电网侧相序一致，电压标称值、频率相等，三相电压平衡。

② 机组硬件安全链运行正常。

③偏航系统处于正常状态，风速仪风向标处于正常运行状态。

④所有液压装置的油压、油温和油位在规定范围内。

⑤ 齿轮箱的油位和油温在正常范围内。

⑥ 各保护装置均在正常位置，且保护值均与批准设定的值相符。

⑦ 所有控制电源均处于接通位置。

⑧ 监控系统显示正常运行状态。

⑨ 在寒冷和潮湿地区，停止运行 1 个月以上的机组在重新投入运行前应检查绝缘，合格后方可启动。

⑩ 经维修的机组的控制系统，在启动前应办理维修终结手续。

(2) 机组工作参数的安全运行范围

① 风速　一般而言，当风速在 3～25m/s 的工作范围时，只对风力发电机组的发电有影响，当风速变化率较大（如阵风、随机风）或者风速超过 25m/s 以上时，则会对机组的安全产生影响。

② 转速　风力发电机组的风轮转速一般不超过 40r/min，发电机的最高转速不超过额定转速的 30%。不同型号的机组，具体数字会有所不同。当机组超速时，将对机组的安全产生严重影响。

③ 功率　当风速在额定风速以下时，不做功率调节控制，当风速超过额定风速时，应通过控制限制最大功率。通常情况下，安全运行的最大功率不允许超过额定功率的 20%。

④ 温度　运行中的机组的各个部件都会引起温度的上升。通常控制器的环境温度应为 0～30℃，齿轮箱油温低于 120℃，发电机温度低于 150℃，传动等环节的温度低于 70℃。

⑤ 电压　发电机电压运行的范围在额定值的 10%以内，当瞬间值超过额定值的 30%时，视为系统故障。

⑥ 频率　风力发电机组的发电频率应限制在 50Hz±1Hz，否则视为系统故障。

⑦ 压力　风力发电机组的很多执行机构由液压执行机构完成，因此各液压站系统的压力必须被监控，由压力开关设计额定值来确定，通常低于 100MPa。

(3) 系统的接地保护安全要求

① 配电设备接地，变压器、开关设备和互感器外壳、配电柜、控制保护盘、金属构架、防雷设施及电缆头等设备必须接地。

② 塔筒与地基接地，接地体水平敷设。塔内和地基的角钢基础及支架要用扁钢相连作接地干线，塔筒和地基各做一组，两者焊接相连形成接地网，与大地充分接触。接地网以闭合环形为佳，当接地电阻不满足要求时，可以附加外引式接地体。接地体的外缘应闭合，外缘各角应做成圆弧形，其半径不宜小于均压带间距的一半，埋设深度应不小于 60cm，并敷设水平均压带。

③ 变压器中性点的工作接地和保护地线，要分别与接地网连接。

④ 避雷线宜设单独的接地装置。

⑤ 单台机组的接地电阻值一般应不大于4Ω。

⑥ 电缆线路的接地电缆绝缘损坏时，电缆的外皮、铠甲及接线头盒均可能带电，要求必须接地。

⑦ 如果电缆在地下敷设，两端都应接地。低压电缆除在潮湿环境必须接地外，其他环境不必接地。高压电缆在任何情况下必须接地。

3. 自动运行的控制要求

（1）开机并网控制

当10min的风速平均值在系统工作区域内时，机械制动松开，叶片桨距角（变桨距型机组）或叶尖（定桨距型机组）复位，风力作用于风轮旋转平面上，风力发电机组慢慢启动。如果发电机转速在20%～60%额定转速之间持续5min仍未达到60%额定转速，发电机就进入电网软拖动状态，软拖动方式因机型不同而不同。正常情况下，机组转速会连续增高，不需要软拖动；当转速达到软切转速时，机组进入软切入状态；当转速升至并网转速时，旁路主接触器动作，机组并入电网运行。对于有大、小发电机的失速型机组，按风速范围和功率的大小确定大、小发电机的投切。

（2）小风和逆功率脱网

小风和逆功率脱网是将风力发电机组停在待风状态。当10min平均风速小于小风脱网风速或发电机输出功率负到一定值后，机组不允许长期在并网状态下运行，必须脱网处于自由状态，机组靠自身的摩擦阻力缓慢停机，进入待风状态。当风速再次上升到一定值时，机组又可以自动旋转起来，达到并网转速，再投入并网运行。

（3）普通故障脱网停机

机组运行时发生参数越限、状态异常等普通故障后，进入普通停机程序，投入气动刹车，软脱网，待低速轴转速低于一定值后，再投入机械刹车。如果是由于内部因素产生的可恢复故障，计算机可自行处理，无需人工复位，即可恢复正常开机。如发生的是不可自恢复故障，则需要人工复位后，计算机方能进入正常工作。

（4）紧急故障脱网停机

当系统发生紧急故障，如机组发生飞车、超速、振动、负载丢失等故障时，机组进入紧急停机程序，投入气动刹车的同时执行90°偏航控制，低速轴转速可在较短的时间内降低到一定值，此时再投入机械刹车。

（5）安全链动作停机

安全链动作停机是指电控系统软保护控制失败时，为安全起见所采取的硬性停机。在此情形下，气动刹车、机械刹车和脱网同时动作，机组在很短的时间（一般为几秒）内就能安全停下来。

（6）大风脱网停机

当10min的风速平均值大于25m/s时，机组可能出现超速和过载，为安全起见，此时机组必须进行大风脱网停机。先投入气动刹车，同时偏航90°，等功率下降后脱网，一段时间（一般为20s）后或者低速轴转速小于一定值时，再投入机械刹车使机组完全停止。当风速回到工作范围内后，机组开始恢复自动对风，待转速上升到并网转速后，再重新开始自动并网运行。

(7) 偏航对风控制和扭缆保护

风力发电机组在工作风速区域时，应根据机舱的控制灵敏度，确定偏航的调整角度。根据机舱与风向的偏离程度和风向标的灵敏度，调整机舱左偏航或者右偏航的角度。

当电缆缠绕到 2.5 圈或 3.5 圈，就发生扭缆现象。扭缆是严重事件，会引起紧急停机。因此，扭缆被列入安全保护系统当中，当发生扭缆时，机组通过控制偏航电机向相反方向调向（偏航），进行自动解缆。

(8) 功率调节

当风力发电机组在额定风速以上并网运行时，对于失速型机组，由叶尖扰流器进行失速调节，发电机的功率不应超过额定功率的 15%，一旦发生过载，机组必须脱网停机；对于变桨距机组，则通过调节叶片桨距角的方式，减小风轮的风能捕获能力，使功率保持在额定功率附近。

(9) 软切入控制

机组在进入并网运行时，必须进行软切入控制；当机组脱网运行时，也必须进行软脱网控制。利用软并网装置，可完成软切入和软切出的控制。软并网装置一般由大功率晶闸管和有关控制驱动电路组成。控制目的是通过不断监测机组的三相电流和发电机的运行状态，限制软切入装置通过控制主回路晶闸管的导通角，以控制发电机的端电压，达到限制启动电流的目的。在电机转速接近并网转速时，旁路接触器动作，将主回路晶闸管断开，软切入过程结束，软并网成功。一般来说，软切入电流限制为额定电流的 1.5 倍。软并网控制原理框图如图 3-5 所示。

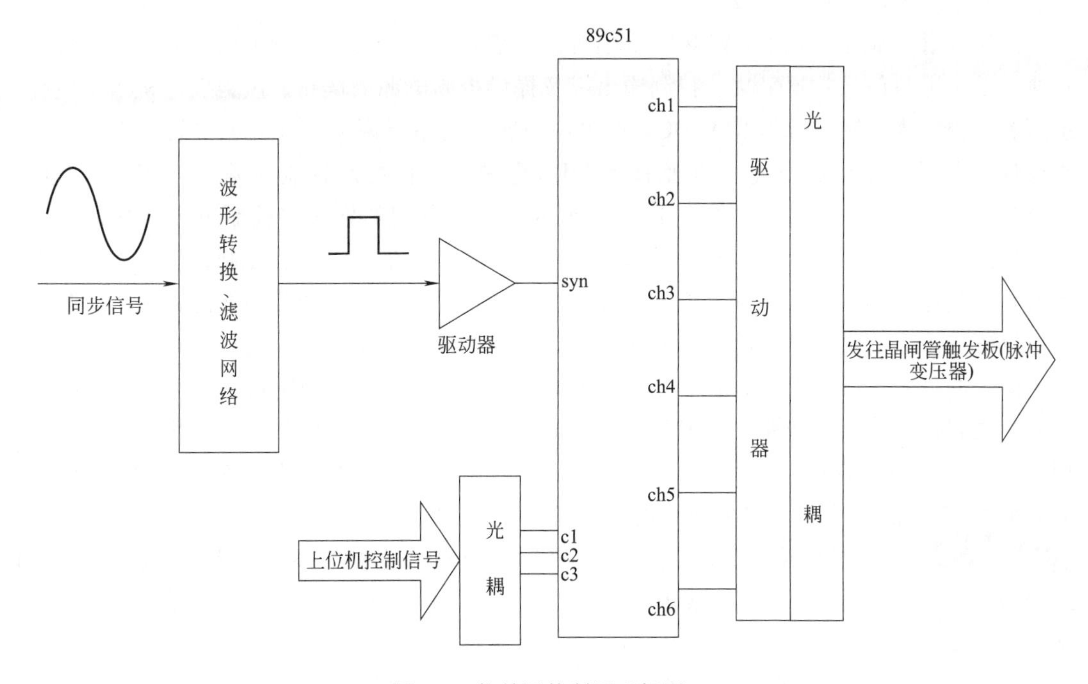

图 3-5 软并网控制原理框图

4. 控制保护要求

① 主电路保护　变压器低压侧三相四线进线处设置低压配电低压断路器，以保证维护操作安全和短路过载保护。

② 过电压、过电流保护　主电路计算机电源进线端、控制变压器进线端和有关伺服电动机的进线端均设置过电压、多电流保护措施。

③ 防雷设施及熔丝　控制系统有专门设计的防雷保护装置。在计算机电源及直流电源变压器一次侧，所有信号的输入端均设有相应的瞬时超电压和过电流保护装置。

④ 继电保护　运行的所有输出运转机构，如发电机、电动机、各传动结构，均设有过热、过载保护控制装置。

⑤ 接地保护　因绝缘破坏或其他原因可能出现危险电压的金属部分，均应进行保护接地。

四、控制系统实例

目前，风力发电机组中常见的控制系统品牌，主要有倍福（Beckhoff）、巴赫曼（Bechmann）、米塔（MITA）、贝加莱（B&R）等。国内厂家品牌也越来越具有市场竞争力。

图 3-6（a）是某厂商 2MW 风力发电机组电控系统的动力电源链路——电控系统驱动设备或子系统工作的主电源链路。风力发电机组中动力电源的形式主要为：3 相 690V AC 和 3 相 400V AC，也包括由 3 相 400V AC 中分出来的单相 230V AC 等。不同类型的机组或不同设计需求的机组，动力电源的形式或有所不同，如有的机组无 690V AC 电源，有的机组配置有 230V AC 交流 UPS 电源等。图 3-6（a）所示为一个典型的动力电源链路连接图，从中可以看到电控系统的三个主要部件主控系统、变桨系统及变频器的分布，以及与其他设备或子系统的动力电源链路连接关系。

图 3-6（b）是某厂商 2MW 风力发电机组电控系统的硬接线控制链路——电控系统对设备或子系统进行信号数据采集、控制输出以及提供控制电源的链路。风力发电机组中电控系统所提供的常规控制电源为 24V DC，此电源一般是由主电源通过开关电源转换而来，并根据设计要求分为直流 UPS 电源和非直流 UPS 电源，其他特殊控制电源有 230V AC 电源、直接接入的电力测量信号等。图 3-6（b）所示为一个典型的硬接线控制链路连接图，其中实线连接部分说明电控系统与其他设备或子系统存在数据信号采集、控制输出或控制电源提供的硬接线连接关系；虚线部分说明电控系统与其他设备或子系统是间接连接关系，如对于其他设备或子系统供电开关的状态监测信号，是在电控系统柜内的硬接线连接。

图 3-6（c）是某厂商 2MW 风力发电机组电控系统的通信控制链路——电控系统内外部主从站之间数据交换的链路，一般采用总线通信的方式。风力发电机组中常用的总线通信类型，主要有 EtherCAT、EtherNet、CANbus、Profibus、RS-232、RS-485 等。根据总线通信的特点，连接线缆的形式主要有光纤、网线、多芯屏蔽线缆等。根据所用连接线形式的不同，线缆终端的连接器主要有 SC 口光纤连接器、ST 口光纤连接器、屏蔽 RJ45 连接器、D-sub 连接器（矩形连接器）等。图 3-6（c）所示为一个典型的通信控制链路连接图。图中实线连接部分说明电控系统与其他设备或子系统存在通信线缆的连接关系；虚线部分说明根据外部

电控系统的连接

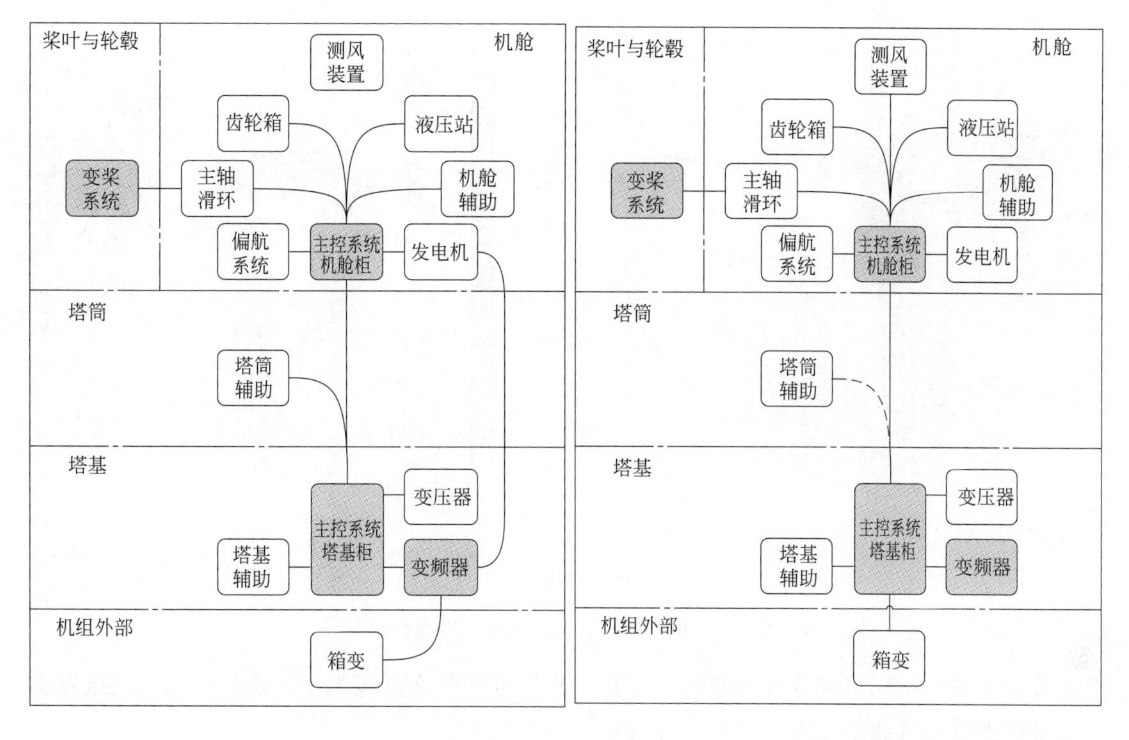

(a) 动力电源链路　　(b) 硬接线控制链路

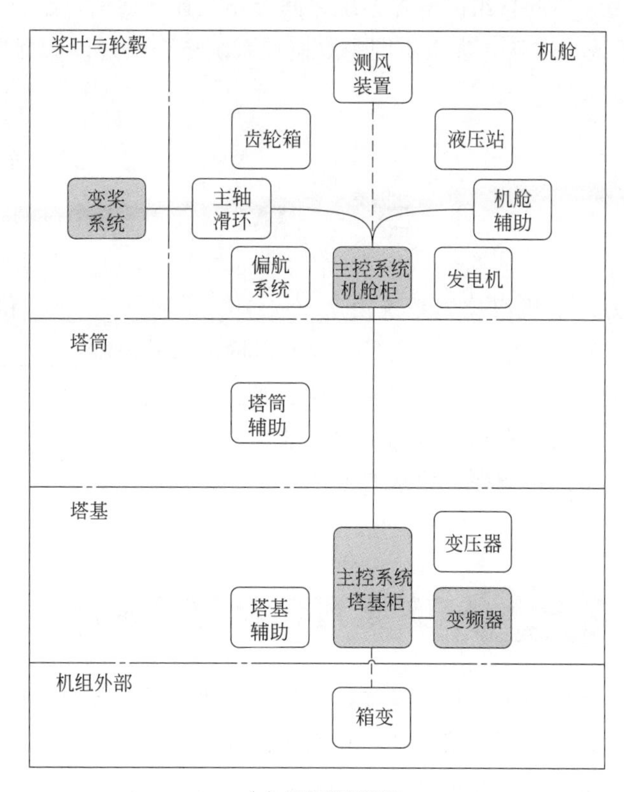

（c）通信控制链路

图 3-6

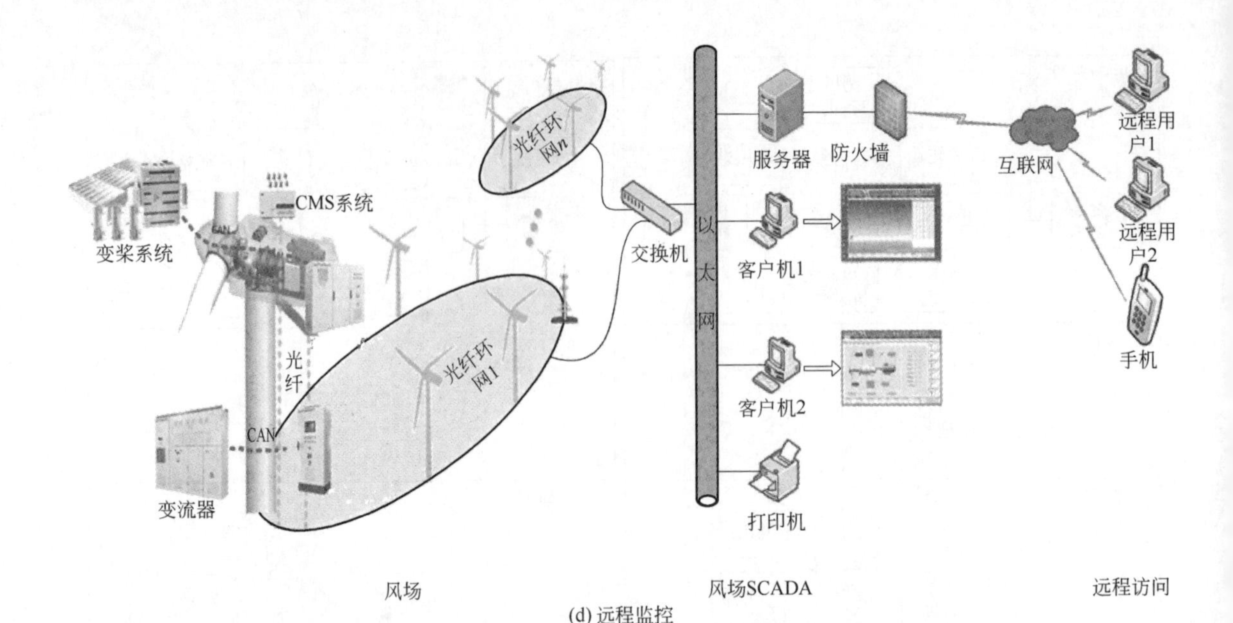

(d) 远程监控

图 3-6　某厂商 2MW 风力发电机组的电控系统图

设备或子系统的不同可能存在通信线缆连接，具体采用什么总线类型、连接形式、连接器类型及是否进行连接通信，需要根据实际的设计需求决定。

图 3-6（d）为某厂商 2MW 风力发电机组之间以及与中央监控之间的连接。对处于风场中的风力发电机组来说，不同机组的电控系统之间会相互连接通信，组建成环网，并与中央监控系统（SCADA 系统）连接，甚至不同中央监控系统还会通过以太网形成覆盖更广的大型网络。

习　题

1. 一般而言，风力发电机组控制系统由__________、__________和__________组成，其中__________负责处理传感器输入信号，并发出输出信号控制__________的动作。

2. 简述风力发电机组控制系统的基本目标和功能。

3. 简述大型风力发电机组自动运行的控制要求。

4. 大型风力发电机组的控制保护要求有哪些？

第二节　定桨恒速机组的控制

并网型风力发电机组经过十余年的发展，容量已从数十千瓦级增大到兆瓦级。在兆瓦级风力发电机组的设计中，已采用变桨距技术和变速恒频技术，但由此增加了控制系统与伺服系统的复杂性，也对机组的成本和可靠性提出了新的挑战。因此，定桨距风力发电机组结构简单、性能可靠的优点是始终存在的，而且在某些特定的条件下有其应用的优势。

一、定桨距机组的特点

1. 结构特点

（1）风轮（图 3-7）

定桨距风力发电机组的主要结构特点是固定连接的轮毂与叶片，也就是说在风速不断变化时，叶片的迎风角度［风速与旋转平面的夹角（迎角，攻角）］不能随之变化。这一特点给定桨距机组提出了两个必须解决的问题：一是当风速高于额定风速时，叶片必须能够自动地将功率限制在额定值附近，叶片的这一特性被称为自动失速性能；二是运行中的机组在突然失去电网（突甩负载）的情况下，叶片必须具备制动能力，使机组能够安全停机。失速性能良好的玻璃钢复合材料叶片，解决了机组在大风时的功率控制问题；叶尖扰流器的应用，则解决了突甩负载情况下的安全停机问题。

（2）叶尖扰流器

叶尖扰流器的结构如图 3-8 所示。当风力发电机组正常运行时，在液压系统的作用下，叶尖扰流器与叶片主体部分精密地合为一体，组成完整的叶片。当机组需要脱网停机时，扰流器按控制指令释放，并旋转 80°～90°形成阻尼板，由于叶尖部分处于距离旋转中心的最远点，整个叶片作为一个长的杠杆，使叶尖扰流器产生的气动阻力相当高，足以使风力发电机组迅速减速，这一过程即为叶片空气动力制动。叶尖扰流器是定桨恒速风力发电机组的主要制动器，每次制动时都是它起主要作用。

图 3-7 风轮结构

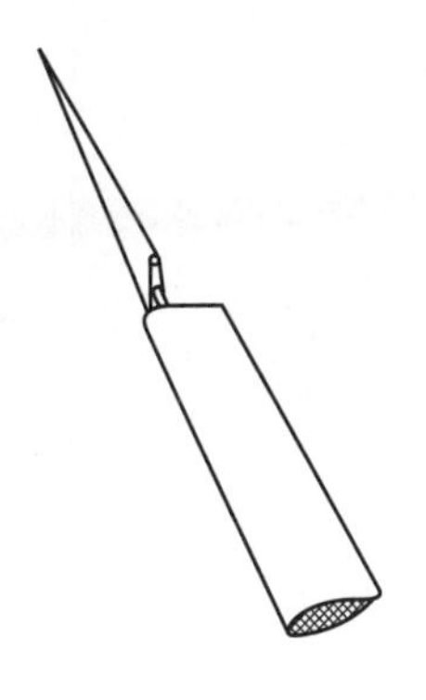

图 3-8 叶尖扰流器

对于失速型机组，叶片端部（叶尖）采用制动，超速保护。制动时叶尖部分绕叶片轴向旋转 90°，实现制动功能。通过叶尖扰流器来实现极端情况下的安全停机问题。

（3）双速发电机

当风速在 3～25m/s 这个范围时（运行风速），因为叶片的攻角受气流的影响不断变化，如果这时风力发电机组的转速不能跟随风速的变化而调整，必然会使风轮在低风速时的效率降低（但如果将最高效率点设置在低风速区，则会使叶片过早进入失速状态）。同时发电机本身也存在低负荷时的效率问题。尽管目前用于风力发电机组的发电机已能设计得非常理想，它们在 $P>25\%$ 额定功率范围内均有高于 90% 的效率，但当 $P<25\%$ 额定功率时，效率会急剧下降。为了解决低风速时的效率问题，有一些定桨恒速风力发电机组采用双速发电机，分别设计成 4 极和 6 极。图 3-9 为发电机功率曲线图。

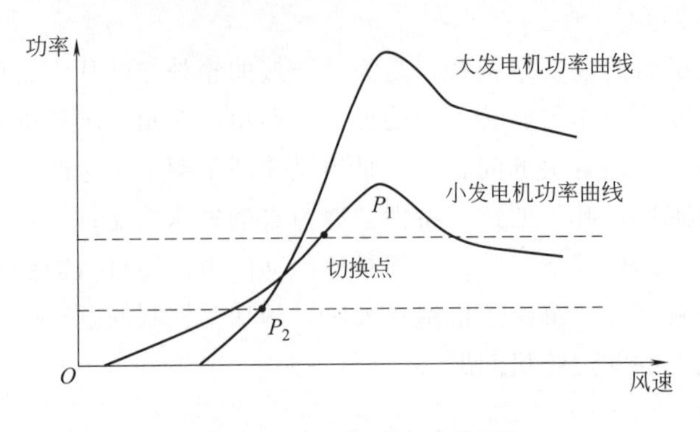

图 3-9 发电机功率曲线图

一般 6 极发电机的额定功率设计成 4 极发电机的 1/4～1/5。

例如：600kW 电机组一般设计成 6 极 150kW 和 4 极 600kW；750kW 机组设计成 6 极 200kW 和 4 极 750kW；1000kW 机组设计成 6 极 200kW 和 4 极 1000kW。

当风力发电机组在低风速段运行时，不仅叶片具有较高的气动效率，发电机的效率也能保持在较高水平，从而使定桨距风力发电机组与变桨距风力发电机组在进入额定功率前的功率曲线差异不大。图 3-10 为双速发电机功率曲线图。

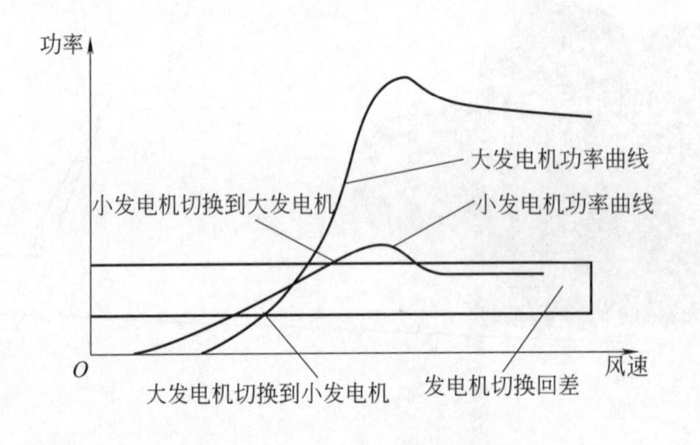

图 3-10 双速发电机功率曲线图

2. 运行控制特点

(1) 叶片的失速调节原理

当气流流经叶片时，由于上下翼面形状不同，凸面的压力较低（凸面弯曲致使气流加速），凹面压力较高（凹面比较平缓致使气流速度缓慢），因而产生升力。叶片的失速性能是指它在最大升力系数 C_{lmax} 附近的性能。一方面，当叶片的安装角 β 不变，随着风速增加攻角 i 增大时，升力系数 C_l 线性增大；在接近 C_{lmax} 时，增大变得缓慢；达到 C_{lmax} 后开始逐渐减小。另一方面，阻力系数 C_d 初期不断增大；在升力开始减小时，C_d 继续增大，这是由于气流在叶片上的分离区随攻角的增大而增大，分离区形成大的涡流，流动失去翼型效应，与未分离时相比，上下翼面压力差减小，致使阻力激增，升力减小，造成叶片失速，从而限制了功率的增加。不同风速下叶片的状态如图 3-11 所示。对有限长叶片，叶片两端会产生涡流，造成阻力增加。

升力、阻力系数和攻角的关系如图 3-12 所示。

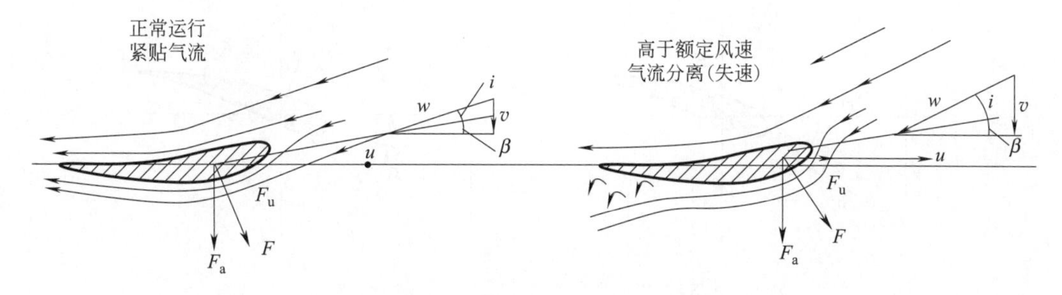

图 3-11 不同风速下叶片的状态

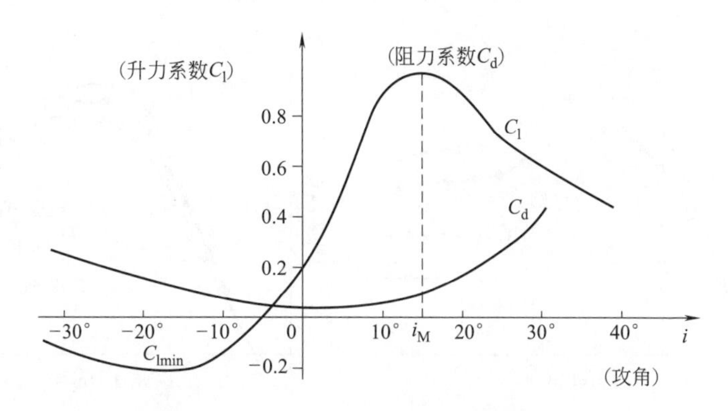

图 3-12 升力、阻力系数和攻角的关系

升力系数与阻力系数是随攻角变化的。升力系数随攻角的增加而增加，使得叶片的升力增加，但当增加到某个角度后升力开始下降，阻力系数开始上升。在整个过程中出现最大升力的点叫做失速点。截面形状（翼型厚度、前缘位置、翼型弯度）、表面粗糙度等都会影响升力系数与阻力系数。

失速是翼型不稳定的状态，运行在非正常状态下。失速角会受到空气温度、湿度等变化的影响，且不是一成不变的。失速时不可能稳定地控制转速，失速时控制的范围也是有限的。图 3-13 为失速与正常状态下角度图。

因叶片的安装角 β 不变，风速增加→升力增加→升力变缓→升力下降→阻力增加→叶片失速。叶片根部叶面先进入失速，随风速增大，失速部分向叶尖处扩展，原先已失速的部分失速程度加深，未失速的部分逐渐进入失速区。失速部分使功率减小，未失速部分仍有功率增加，从而使输入功率保持在额定功率附近。

定桨距失速型风力发电机组在大风时的功率输出是通过风轮叶片失速来控制的。

(2) 功率输出

根据风能转换的原理，风力发电机组的功率输出主要取决于风速。但除此以外，气压、气温、海拔高度和气流扰动等因素也会显著影响风力发电机组的功率输出，见图 3-14。

同样的风机安装在不同地点，其叶片角度不应该相同。

冬季和夏季应对叶片的安装角各做一次调整。

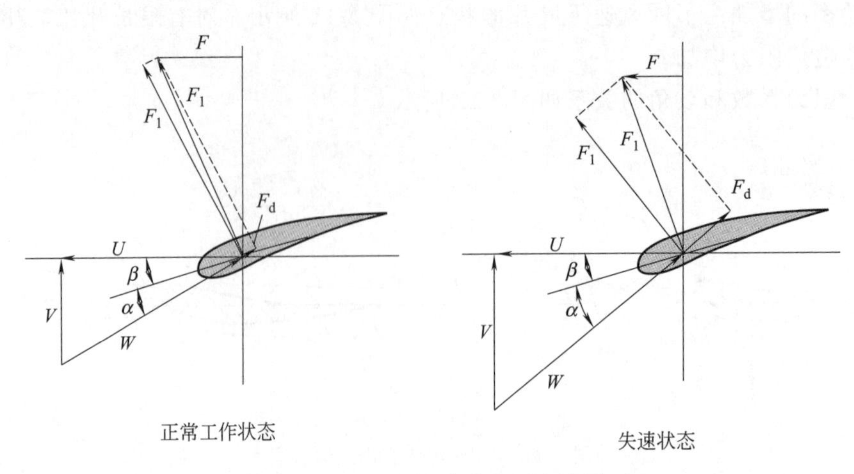

图 3-13 失速与正常状态下角度图

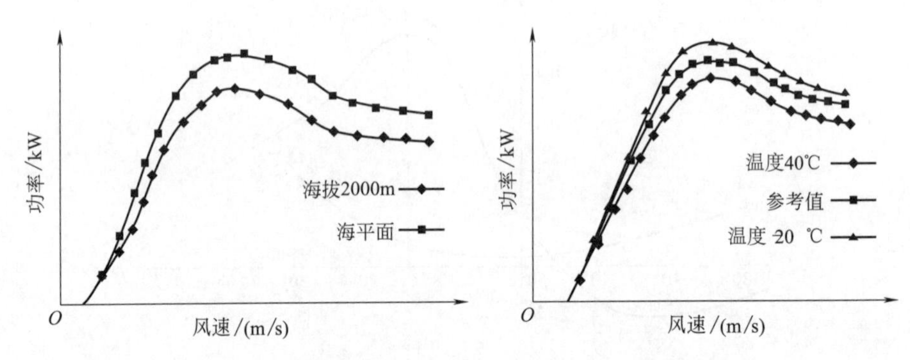

图 3-14 海拔高度和温度变化对功率输出的影响

因为定桨距叶片的标准功率曲线是在空气的标准状态下计算出来的，这时空气密度 $\rho=1.225\text{kg/m}^3$。当气压与气温变化时，ρ 会跟着变化，一般当温度变化±10℃时，相应的空气密度变化可达±4%。而叶片的失速性能只与风速有关，只要达到了叶片气动外形所决定的失速调节风速，不论是否满足输出功率，叶片的失速性能都要起作用，影响功率输出。因此当气温升高时，空气密度就会降低，相应的功率输出就会减小；反之，功率输出就会增大。对于一台 750kW 的定桨恒速风力发电机组，在冬季和夏季可能会出现 30～50kW 甚至更大的功率偏差。

对于全桨变距控制（包括主动失速控制）的风力发电机组，这个问题可以得到圆满解决。这类风力发电机组在达到额定功率以前，桨距角都基本固定在最佳角度上，当达到额定功率后，主动失速控制机组的桨距角向负角度方向调整，而全桨变距有限变速和变速恒频机组的桨距角则向正角度方向调整，如图 3-15 所示。由于全桨变距控制只取决于功率信号，因此不受空气密度变化的影响。

(3) 节距角与额定转速的设定对功率输出的影响

风电机组功率曲线上最大功率系数只存在一个点，这是因为风电机组的叶片转速和节距角均是固定不变的。

双速电机额定转速低的机组，低风速下有较高的功率系数；额定转速高的机组，高风速下有较高的功率系数。

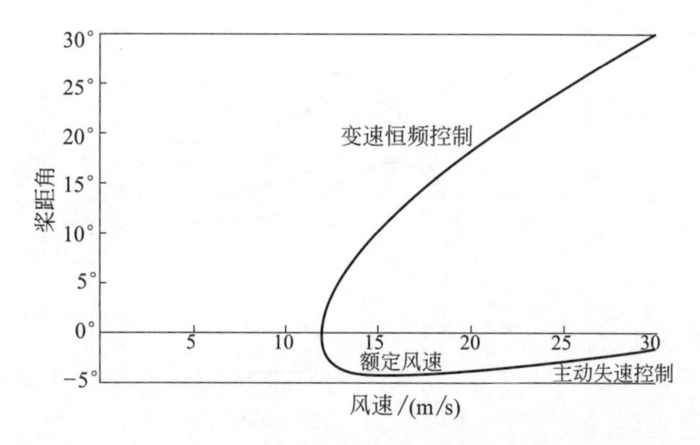

图 3-15 主动失速控制与变速恒频控制中的桨距角变化规律

由于风力发电机并不是经常工作在额定风速点，所以设计的最大功率系数并不会出现在额定功率上。

定桨距风力发电机应尽量提高低风速的功率系数和考虑高风速的失速性能。

对于定桨距风力发电机组来说，早在风速达到额定值以前，就已开始失速了，到额定点时的功率系数已相当小。定桨恒速风力发电机组的功率输出与风速的关系见图 3-16。

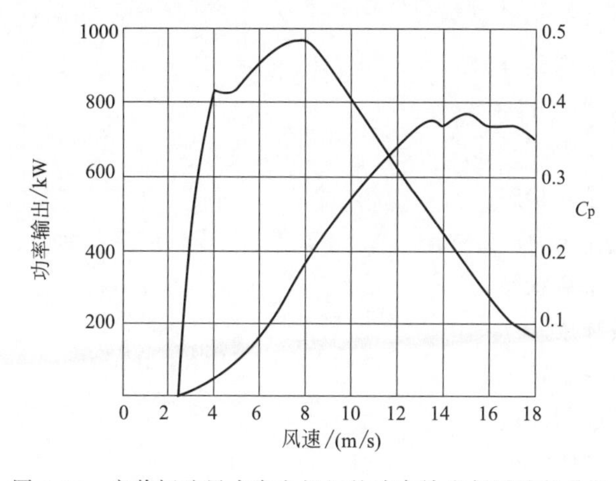

图 3-16 定桨恒速风力发电机组的功率输出与风速的关系

根据定桨距风力机的特点，应优先考虑提高低风速段的功率系数，合理利用高风速时的失速特性。为此可通过设定桨距的桨距角（安装角）来实现上述控制策略。图 3-17 是一组 200kW 定桨距风力发电机的功率曲线。可见在高风速区，不同的桨距角对最大输出功率的影响是较大的。根据实践经验，节距角越小，气流在叶片上的失速点越高，其最大功率也越高。反之，其最大功率就可降下来。

二、定桨距机组的基本运行过程

1. 风力发电机组的工作状态

风力发电机组总是工作在以下状态之一：运行状态、暂停状态、停机状态、紧急停机状态。

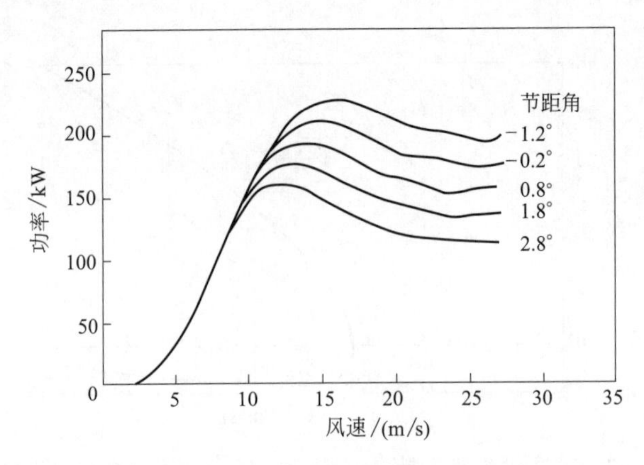

图 3-17　200kW 定桨距风力发电机的功率曲线

(1) 运行状态

① 制动装置置于松开状态。

② 允许机组运行与发电。

③ 允许机组发电机并网。

④ 叶尖扰流器被收回。

⑤ 机组自动偏航。

⑥ 冷却系统自动工作。

⑦ 操作面板显示“Run”。

(2) 暂停状态

① 制动装置置于松开状态。

② 液压泵保持工作压力。

③ 自动偏航处于激活状态。

④ 叶尖扰流器被释放。

⑤ 风轮已经停止或空转。

⑥ 冷却系统自动冷却。

⑦ 操作面板显示“Pause”。

由于调试风力发电机组的目的是要求机组的各种功能正常，而不是能发电运行，所以工作状态在调试风力发电机组时至关重要。

(3) 停机状态

① 制动装置置于松开状态。

② 叶尖扰流器被释放。

③ 液压泵保持工作压力。

④ 自动偏航系统不工作。

⑤ 自动冷却系统不工作。

⑥ 操作面板显示“Stop”。

(4) 紧急停机状态

① 当风轮低于一定转速后，施加制动。

② 安全链断开。

③ 所有的主控制器输出量被禁止。

④ 计算机依然运行，并测量所有输入量。

⑤ 操作面板显示“Emergency Stop”。

当紧急停机动作执行时，所有接触器被断开，主控制器输出信号被旁路，使主控制器没有可能去激活任何机构。

2. 工作状态之间的转换

图 3-18 为工作状态之间的转换框图。

(1) 工作状态层次上升

① 紧停→停机。如果停机状态的条件满足，则：

a. 安全链闭合；

b. 建立液压工作压力；

c. 松开机械制动。

② 停机→暂停。如果暂停状态的条件满足，则：

a. 开始自动偏航；

b. 启动冷却系统。

③ 暂停→运行。如果运行状态的条件满足，则：

a. 核对风力发电机组是否处于上风向；

b. 叶尖扰流器收回；

c. 当风速足够大并驱动风轮转动至并网转速时，发电机切入电网。

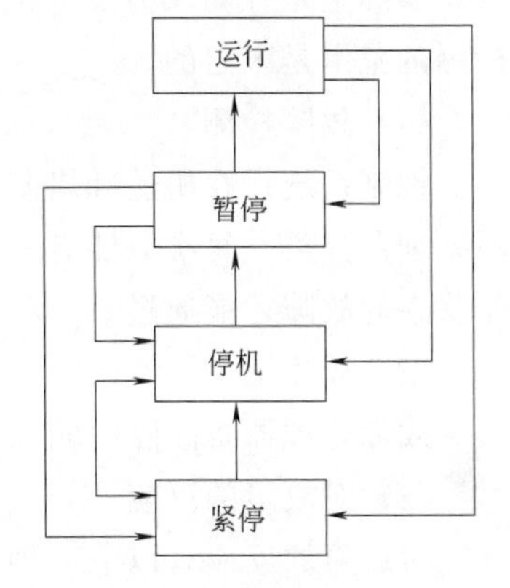

图 3-18 工作状态之间的转换框图

(2) 工作状态层次下降

工作状态层次下降包括三种情况。

① 紧急停机。紧急停机包含了三种情况，即停机→紧停，暂停→紧停，运行→紧停。主要控制指令为：

a. 断开安全链；

b. 置所有输出信号于无效；

c. 确保叶尖扰流器释放；

d. 机械制动作用。

② 停机。停机操作包含了两种情况，即暂停→停机，运行→停机。

暂停→停机：

a. 自动偏航停止；

b. 确保叶尖扰流器释放；

c. 冷却系统停止运行。

运行→停机：

a. 停止自动偏航；

b. 确保叶尖扰流器释放；

c. 如发电机处于并网发电状态，则立即脱网；

d. 冷却系统停止运行。

③ 暂停

a. 如果发电机没有并入电网，则定桨恒速风力发电机组释放叶尖扰流器，从而降低风轮速度。

b. 如果发电机并网，则定桨恒速风力发电机组释放叶尖扰流器，从而使功率降低后切出发电机。

3. 故障处理

当故障发生时，风力发电机组将自动地从较高的工作状态转换到较低的工作状态。故障处理实际上是针对风力发电机组从某一工作状态转换到较低状态层次时可能产生问题，因此检测的范围是限定的。

（1）故障检测

控制系统设在机舱和塔基的故障处理器，都能够扫描传感器信号以检测故障。故障由故障处理器分类，每次只能有一个故障通过，即只有能够引起机组从较高工作状态转入较低工作状态的故障才能通过。

（2）故障记录

故障处理器将故障存储在运行记录表和报警表中。

（3）对故障的反应

对故障的反应有以下三种情况之一：

① 降为暂停状态；

② 降为停机状态；

③ 降为紧急停机状态。

（4）故障处理后的重新启动

在故障已被接受之前，工作状态层次不可能任意上升。故障被接受的方式如下。

① 如果外部条件良好，此外部原因（如温度、电压波动）引起的故障状态可能自动复位。

② 一般故障可以通过远程控制复位。如果操作者发现该故障可被接受，并允许启动风力发电机组，则可以复位故障。

③ 有些故障是致命的，不允许自动复位或远程控制复位，必须有工作人员到机组工作现场检查，这些故障必须在风力发电机组内的控制面板上得到复位。

故障状态被自动复位一段时间（通常为10min）后，将自动重新启动，但一天内发生的次数应有限定，并记录显示在控制面板上。如果控制器出错，可通过看门狗（Watch Dog）来触发停机。

4. 运行过程控制

（1）待机状态

当风速 $v>3m/s$，机械制动已松开，叶尖扰流器已收回，转速低于切入转速，或者风力发电机组从小功率（逆功率）状态切出，没有重新并入电网时，风力发电机组处于自由转动状态，称为待机状态（游离状态）。待机状态除了发电机没有并入电网以外，机组实际上已处于工作状态。

这时控制系统已做好切入电网的一切准备：

① 控制系统做好切入电网的准备；

② 机械刹车已松开；

③ 叶尖阻尼板已收回；

④ 风轮处于迎风状态；

⑤ 液压系统压力保持在设定值上；

⑥ 风况、电网和机组的所有状态参数检测正常，一旦风速增大，转速升高，即可并网。

（2）自启动及启动条件

风力发电机组的自启动是指在自然风速的作用下，风轮不依靠其他外力的协助，将发电机拖动到额定转速。早期的定桨距风力发电机组的风轮启动，是在发电机的协助下完成的，这时发电机作电动机运行，通常称为电动机启动（Motor-start），该类型机组是不具有自启动能力的。现在，绝大多数定桨距风力发电机组仍具备 Motor-start 功能。由于叶片气动性能的不断改进，目前绝大多数风力发电机组的风轮具有良好的自启动性能。一般在风速 $v>3m/s$ 的条件下，即可自启动。

机组在自然风作用下升速、并网的过程，需具备的条件如下。

① 电网

a. 电网频率在设定范围内。

b. 连续 10min 没有出现过电压、低电压。

c. 没有出现三相不平衡等现象。

d. 0.1s 内电压跌落小于设定值。

② 风况　连续 10min 风速在机组运行范围内，即 3.0～25m/s。

③ 机组

a. 液压油位和齿轮润滑油位正常。

b. 增速器油温、发电机温度在设定值范围以内。

c. 制动器摩擦片正常。

d. 液压系统各部位压力在设定值以内。

e. 非正常停机故障显示均已排除。

f. 控制系统 DC24V、AC24V、DC5V、DC±15V 电源正常。

g. 维护/运行开关在“运行”位置。

h. 扭缆开关复位。

（3）风轮对风

① 当风速传感器测得 10min 平均风速 $v>3m/s$ 时，控制器允许风轮对风。

② 偏航角度通过风向标测定。当机组向左或向右偏离风向确定时，需延迟 10s 后才能执行向左或向右偏航，以避免在风向扰动情况下的频繁启动。

③ 释放偏航制动 1s 后，偏航电机根据指令执行左右偏航。偏航停止时，偏航制动投入。

（4）制动解除

① 当自启动的条件满足时，对定桨恒速风力发电机组，控制叶尖扰流器的电磁阀打开，液压油进入叶片液压缸，叶尖扰流器被收回，与叶片主体合为一体。

② 控制器收到叶尖扰流器已收回的反馈信号后，液压油的另一路进入机械盘式制动器

液压缸，松开盘式制动器。

(5) 并网与脱网条件及实现步骤

当转速接近同步转速时，三相主电路上的晶闸管被触发开始导通，导通角随与同步转速的接近而增大，发电机转速的加速度减少。图 3-19 为风力发电机组工作过程。

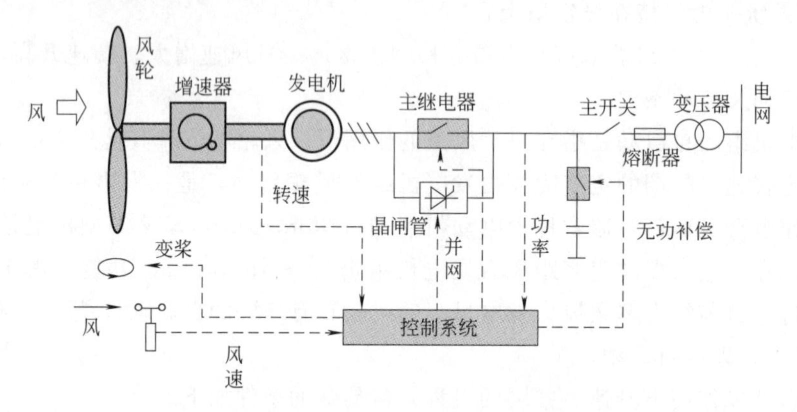

图 3-19 风力发电机组工作过程

当发电机达到同步转速时，晶闸管完全导通，转速超过同步转速，进入发电状态。

1s 后旁路接触器闭合，电流被旁路，如一切正常，晶闸管停止触发。

① 大小发电机的软并网程序

a. 发电机转速已达到预置的切入点，该点的设定应低于发电机同步转速。

b. 连接在发电机与电网之间的双向晶闸管被触发导通（这时旁路接触器处于断开状态），导通角随发电机转速与同步转速的接近而增大，随着导通角的增大，发电机转速的加速度减小。

c. 当发电机达到同步转速时，晶闸管导通角完全打开，转速超过同步转速进入发电状态。

d. 进入发电状态后，晶闸管导通角继续保持完全导通，旁路接触器闭合，这时绝大部分的电流通过旁路接触器输送给电网，因为它比晶闸管电路的电阻小得多。

② 从小发电机向大发电机的切换

a. 小发电机向大发电机切换的控制，一般以平均功率或瞬时功率参数为预置切换点。

b. 小发电机向大发电机的切换步骤　首先断开小发电机接触器，再断开旁路接触器。此时，发电机脱网，风力将带动发电机转速迅速上升，在到达同步转速 1500r/min 附近时，再次执行大发电机的软并网程序。

③ 大发电机向小发电机的切换　首先断开大发电机接触器，再断开旁路接触器。由于发电机在此之前仍处于出力状态，转速在 1500r/min 以上，脱网后转速将进一步上升。迅速投入小发电机接触器，执行软并网，由电网负荷将发电机转速拖到小发电机额定转速附近。只要转速不超过超速保护的设定值，就允许执行小发电机软并网。

④ 电动机启动

a. 电动机启动是指风力发电机组在静止状态时，把发电机用作电动机，将机组启动到额定转速并切入电网。

b. 电动机启动目前在大型风力发电机组的设计中不再进入自动控制程序，因为气动性能良好的叶片，在风速 $v>4\mathrm{m/s}$ 的条件下，即可使机组顺利地自启动到额定转速。

c. 电动机启动一般只在调试期间无风时或某些特殊的情况下。

d. 电机的运行状态分为发电机运行状态和电动机运行状态。

e. 电机直接启动的瞬间，存在较大的冲击电流（甚至超过额定电流的 7 倍），将持续一段时间（由静止至同步转速之前），因而电动机启动时需采用软启动技术，根据电流反馈值，控制启动电流，以减小对电网的冲击和机组的机械振动。

f. 电动机启动时间不应超出 60s，启动电流应小于小电机额定电流的 3 倍。

三、定桨距机组的基本控制策略

1. 控制系统的基本功能

并网运行的定桨恒速风力发电机组的控制系统必须具备以下功能：

① 机组能根据风况自行启动和停机；

② 并网和脱网时，能将机组对电网的冲击影响减小到最低限度；

③ 能根据功率及风速的大小进行转速切换（双速发电机）；

④ 根据风向信号自动对风，并能自动解除电缆过度扭转；

⑤ 能对功率因数进行自动补偿；

⑥ 对出现的异常情况能够自行判断，并在必要时切出电网；

⑦ 当发电机切出电网时，能确保机组安全停机；

⑧ 在机组运行过程中，能对电网、风况和机组的运行状况进行监测和记录，能够根据记录的数据，生成各种图表，以反映风力发电机组的各项性能指标；

⑨ 在风电场中运行的风力发电机组还应具备远程通信的功能。

2. 软切入

软切入装置（SOFT CUT-IN UNIT）是目前联网运行的定桨距风力发电机组控制系统的重要部分。它的主要作用是限制发电机在并网和大小发电机切换时的瞬变电流，以免对电网造成过大的冲击。

一般当电网的容量比发电机的容量大得多时（≥25 倍），发电机联网时的冲击电流才可以不予考虑。但目前联网运行的风力发电机组已发展到兆瓦级水平，与一般变电所的容量相比已经相当大，因此软切入装置已成为控制系统必不可少的部分。

3. 并网方式

随着风力发电机组单机容量的增大，在并网时对电网的冲击也越大。这种冲击严重时不仅引起电力系统电压的大幅度下降，并且可能对发电机和机械部件（塔架、叶片、增速器等）造成损坏。如果并网冲击时间持续过长，还可能使系统瓦解或威胁其他挂网机组的正常运行。因此，采用合理的并网技术是一个不可忽视的问题。现有的并网技术一般有同步风力发电机组的并网技术、异步风力发电机组的并网技术（直接并网方式、准同期并网方式、降压并网方式）、捕捉式准同步快速并网技术、采用双向晶闸管的软切入并网技术。

4. 三相不平衡保护

风力发电机组在运行的过程中，风轮出现故障的频率比较大，风轮相关配套的故障检测设备尚不完备。为了防止风轮因故障给风电场业主带来损失，往往需要定期或不定期地进行人工检修。由于风轮高度一般都在50～70m，这就使得检修工作耗时过多，而且存在一定的安全风险。在风轮的故障原因中，发电机过电流和三相不平衡危害不可忽视。

旋转电机在不对称状态下运行，会使转子产生附加损耗及发热，从而引起电机整体或局部升温。此外，反向磁场产生附加力矩，也会使电机出现振动。

① 在发电机的定子中会形成一系列的高次谐波。

② 引起以负序分量为启动元件的多种保护发生误动作，直接威胁电网运行。

③ 不平衡电压使硅整流设备出现非特征性谐波。

④ 对发电机、变压器而言，当三相负荷不平衡时，若控制最大相电流为额定值，则其余两相就不能满载，因而设备利用率下降；反之如要维持额定容量，将会造成负荷较大的一相过负荷，而且还会出现磁路不平衡，致使波形畸变，设备附加损耗增加等。过流的最直接危害，是导致绕组的绝缘层寿命急剧降低甚至损坏，进而造成绕组之间发生短路。

四、定桨距机组液压系统

定桨距风力发电机组的液压系统，实际上是制动系统的驱动机构，主要用来执行机组的开关机指令。液压系统一般由两个压力保持回路组成：一路通过蓄能器供给叶尖扰流器；另一路通过蓄能器供给机械制动机构。这两个回路的工作任务，是使机组运行时制动机构始终保持压力。当需要停机时，两个回路中的常开电磁阀先后失电，叶尖扰流器一路压力油被泄回油箱，气动刹车动作；稍后，机械刹车一路压力油进入液压缸，驱动机械刹车夹钳，使风轮停止转动。在两个回路中各装有两个压力传感器，以指示系统压力，控制液压泵站补油和确定制动机构的状态。

图3-20为典型的定桨距风力发电机组液压系统。由于偏航机构也引入了液压回路，整个液压系统由三个压力保持回路组成。图左侧是气动刹车压力保持回路，压力油经液压泵2、滤油器4进入系统。溢流阀6用来限制系统最高压力。开机时电磁阀12-1接通，压力油经单向阀7-2进入蓄能器8-2，并通过单向阀7-3和旋转接头进入气动刹车油缸。压力开关由蓄能器的压力控制，当蓄能器压力达到设定值时，开关动作，电磁阀12-1关闭。运行时，回路压力主要由蓄能器保持，通过液压油缸上的钢索拉住叶尖扰流器，使之与叶片主体紧密结合。

电磁阀12-2为停机阀，用来释放气动刹车油缸的液压油，使叶尖扰流器在离心力作用下滑出。突开阀15用于超速保护，当叶轮飞车时，离心力增大，通过活塞的作用，使回路内压力升高；当压力达到一定值时，突开阀开启，压力油泄回油箱。突开阀不受控制系统的指令控制，是独立的安全保护装置。

图中间是两个独立的高速轴制动器回路，通过电磁阀13-1、13-2分别控制制动器中压力油的进出，从而控制制动器动作。工作压力由蓄能器8-1保持。压力开关9-1根据蓄能器的压力控制液压泵电动机的停、启。压力开关9-3、9-4用来指示制动器的工作状态。

右侧为偏航系统回路，偏航系统有两个工作压力，分别提供偏航时的阻尼和偏航结束时的制动力。工作压力仍由蓄能器8-1保持。由于机舱有很大的惯性，调向过程必须确保系统的稳定性，此时偏航制动器用作阻尼器。工作时，4DT得电，电磁阀16左侧接通，回路压力由溢流阀保持，以提供调向系统足够的阻尼；调向结束时，4DT失电，电磁阀右侧接通，制动压力由蓄能器直接提供。

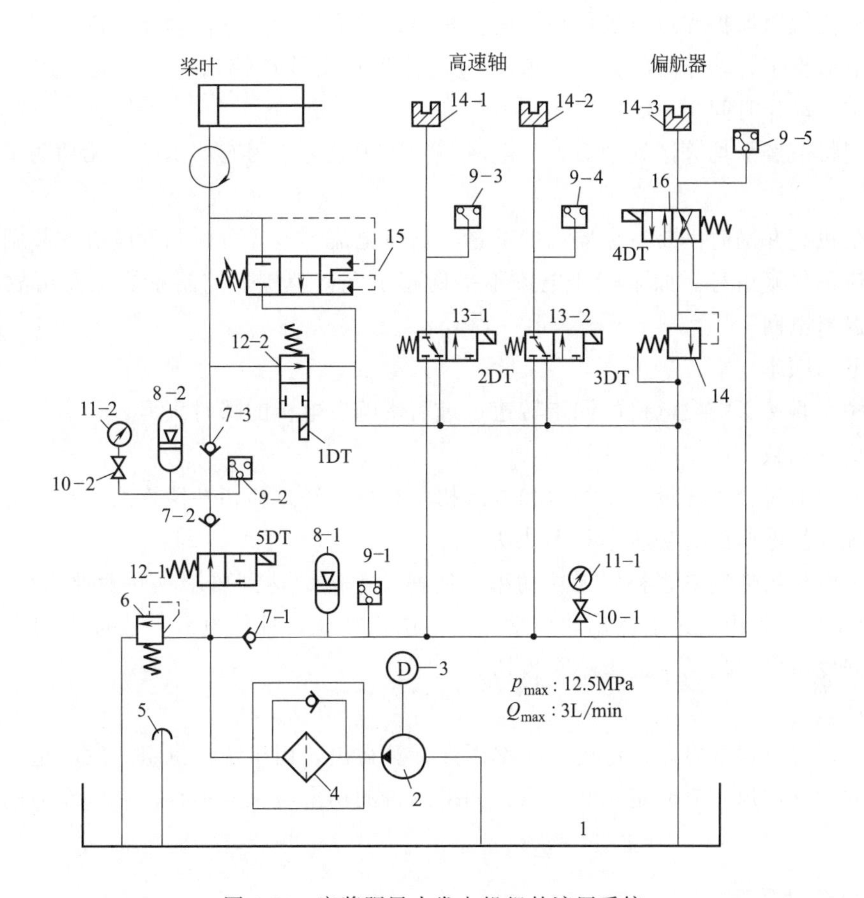

图 3-20 定桨距风力发电机组的液压系统

1—油箱；2—液压泵；3—电动机；4—滤油器；5—油位指示器；6—溢流阀；7—单向阀；8—蓄能器；9—压力开关；10—节流阀；11—压力表；12,13,16—电磁阀（1）；14—制动夹钳；15—突开阀

五、主要参数监测

1. 电力参数监测

风力发电机组需要持续监测的电力参数，包括三相电压、发电机输出的三相电流、电网频率、发电机功率因数等。这些参数无论机组是处于并网状态还是脱网状态都被监测，用于判断机组的启动条件、工作状态及故障情况，还用于统计机组的有功功率、无功功率和总发电量。此外，根据电力参数，主要是发电机的有功功率和功率因数来确定补偿电容的投切。

（1）电压测量

电压测量主要检测故障，要求对电压故障反应较快。在主电路中设有过电压保护，其动作设定值可参考冲击电压整定保护值。发生电压故障时，机组必须退出电网，一般采取正常停机，而后根据情况处理。

电压测量值经平均算法处理后，可用于机组的功率和发电量计算。

（2）电流测量

电流测量也主要是检测故障，同样要求对电流故障反应迅速。通常控制系统带有两个电流保护：电流短路保护和过电流保护。电流短路保护采用断路器，动作电流按照发电机内部相间短路电流整定，动作时间 0～0.05s；过电流保护由软件控制，动作电流按照额定电流的 2 倍整定，动作时间 1～3s。

电流测量值经平均算法处理后，与电压、功率因数合成为有功功率、无功功率及其他电力参数。

电流是机组并网时需要持续监视的参量，通过电流测量，可检测发电机或晶闸管的短路及三相电流不平衡信号。如果三相电流不平衡超过允许范围，控制系统将发出故障停机指令，机组退出电网。

（3）电网频率

电网频率直接影响发电机的同步转速，进而影响发电机的瞬时出力。

（4）功率因数

功率因数通过分别测量电压相角和电流相角获得，经过移相补偿算法和平均值算法处理后，用于统计发电机的有功功率和无功功率。

风力发电机组使用电容补偿无功功率，使得功率因数达到要求（一般要求保持在 0.95 以上）。由于风力发电机组的输出功率常在大范围内变化，补偿电容一般按不同容量分成若干组，根据发电机输出功率的大小来投切。

（5）功率

功率可通过测得的电压、电流、功率因数计算得出，用于统计机组的发电量。

机组的功率与风速有固定函数关系，如果测得的功率与风速不符，可以作为机组故障判断的依据。

2. 风力参数监测

（1）风速

风速通过机舱外的风速仪测得。计算机每秒采集一次风速数据，每 10min 计算一次平均值，用于判断启动风速（风速大于 3m/s 时，启动小发电机，大于 8.3m/s 时，启动大发电机）和停机风速（大于 25m/s）。

（2）风向

风向标安装在机舱顶部两侧，主要测量风向与机舱中心线的偏差角。一般采用两个风向标，以便相互校验，排除可能产生的误信号。控制器根据风向信号启动偏航系统。当两个风向标数据不一致时，偏航会自动中断。

3. 机组状态参数检测

（1）转速

机组的转速测量有两个：发电机转速和风轮转速。

转速测量信号用于机组并网和脱网控制，还用于启动超速保护系统。

风轮转速和发电机转速可以相互校验，如果不符，则提示机组故障。

（2）温度

有 8 个温度测量点：齿轮箱油温、高速轴承温度、大发电机温度、小发电机温度、前主轴承温度、后主轴承温度、控制盘温度（主要是晶闸管）、控制器环境温度。

温度过高，会引起机组退出运行，待温度降至允许值时，可自动启动机组运行。

（3）机舱振动

发生机舱振动时，机舱振动传感器微动开关动作，引起安全停机。

机舱后部还装有叶片振动探测器，叶片过振时将引起正常停机。

（4）电缆扭转

偏航齿轮上安装有一个独立的偏航计数器，当机舱经常向一个方向偏航引起电缆严重扭转时，偏航计数器达到设定值，控制器发出停机指令并显示故障，停机后执行解缆操作。

（5）机械刹车状况

在机械刹车系统中装有刹车片磨损指示器。如果刹车片磨损到一定程度，控制器将显示故障信号，此时必须更换刹车片后才能再启动机组。

在两次连续动作之间，必须要有一定的时间间隔，以免刹车盘过热。或者使用温度传感器，刹车盘的温度必须低于预置值才能启动机组。

4. 各种反馈信号的检测

控制器在以下指令发出后的设定时间内，应收到动作一致性的反馈信号，否则将出现相应的故障信号，执行安全停机：

① 回收叶尖扰流器；

② 松开机械刹车；

③ 松开偏航制动器；

④ 发电机脱网及脱网后的转速降落信号。

5. 增速齿轮箱油温控制

增速齿轮箱体内一侧装有温度传感器，运行前，保证油温在0℃以上，否则加热至10℃再运行。当油温高于60℃时，冷却系统启动，油温低于45℃时，停止冷却。

6. 发电机温升控制

通常在发电机的三相绕组及前后轴承里分别装有温度传感器，发电机在额定状态下的温度为130～140℃。当温度高于150～155℃时，机组将停机。当温度降落到100℃时，机组又会重新启动并入电网。

风力发电机组的发电机一般采取强制风冷和水冷的方式。

7. 功率过高或过低的处理

（1）功率过低

如果发动机功率持续（一般为30～60s）出现逆功率，其值小于预置值 P_s，机组将退出电网，处于待机状态。

这一状况是在风速较低时出现的。发电机出力出现负功率，吸收电网有功功率，处于电动机运行状态。

（2）功率过高

功率过高一般是两种情况引起：一是电网频率波动，电网频率降低时，发电机转速短时间不会降低，转差较大，各项损耗及风力转换为机械能不瞬时突变，因而功率瞬时变得很大；二是气候变化，空气密度增加。

功率过高如持续一定时间，控制系统应做出反应，根据不同情况正常停机或安全停机。

8. 机组退出电网

风力发电机组的各部件受其物理性能的限制，当风速超过一定的限度时，必须脱网停机。由于风速过高引起的机组退出电网有如下几种情况：

① 风速高于25m/s，持续10min，只要转速没有超过允许限额，执行正常停机；

② 风速高于33m/s，持续2s，正常停机；

③ 风速高于50m/s，持续1s，安全停机。

习　题

1. 定桨恒速风力发电机组的主要结构特点是桨叶与轮毂的连接是__________，即当风速变化时，叶片的__________不能随之变化。

2. 定桨恒速风力发电机组通过__________来实现极端情况下的安全停机问题。

3. 为了解决低风速时的效率问题，有一些定桨恒速风力发电机组采用__________，分别设计成__________极和__________极。

4. 什么是失速点？

5. 叶片的失速调节原理是什么？

6. 对故障的反应是__________、__________、__________三种情况之一。

7. 当风速__________，机械制动已松开，叶尖扰流器已收回或桨距角处于最佳位置，转速低于切入转速，或者风力发电机组从小功率（逆功率）状态切出，没有重新并入电网时，风力发电机组处于__________，称为待机状态（游离状态）。

8. 机组在自然风作用下升速、并网的过程，需具备的条件为：__________、__________、__________。

9. 当风速传感器测得__________min平均风速$v>3$m/s时，控制器允许叶轮对风。

10. 当自启动的条件满足时，对定桨恒速风力发电机组，控制叶尖扰流器的电磁阀打开，液压油进入桨叶液压缸，叶尖扰流器被收回与桨叶主体__________。

11. 电机的运行状态分为__________和__________。

12. 电机直接启动的瞬间，存在较大的冲击电流（甚至超过额定电流的7倍），将持续一段时间（由静止至同步转速之前），因而电动机启动时需采用__________技术，根据电流反馈值，控制启动电流，以减小对电网的冲击和机组的机械振动。

13. 大发电机向小发电机的切换和小发电机向大发电机的切换步骤是什么？

14. 风力发电机组总是工作在哪几种状态之一？

15. 工作状态之间的转换分为几种？分别是什么？

16. __________的主要作用是限制发电机在并网和大小发电机切换时的瞬变电流，以免对__________造成过大的冲击。

17. 异步发电机投入运行时，由于靠__________来调整负荷，因此对机组的调速精度要求不高，不需要__________和__________，只要转速接近同步转速时，就可并网。

18. 在风轮的故障原因中，发电机__________和__________危害不可忽视。

19. 定桨距风力发电机组的液压系统实际上是制动系统的驱动机构，主要用来执行机组的__________指令，一般由__________和__________两个压力保持回路组成。

20. 控制系统的基本功能是什么？

21. 异步风力发电机组的并网方式分别适用于哪种情况？

22. 风力发电机组三相不平衡的危害有哪些？

23. 风力发电机组的主要监测参数有哪些？

第三节 变速变桨距机组的控制

一、变速变桨距机组的特点

叶片与轮毂之间通过轴承连接，通过改变叶片迎风面与纵向旋转轴的夹角进行变距调节，从而影响叶片的受力和阻力，限制大风时风机输出功率的增加，保持输出功率恒定。

1. 结构特点

变速变桨距机组主要包括塔架、轮毂、叶片、变桨距机构、主轴、变速箱、变速发电机、变频器、偏航系统、液压系统和电气控制等。

变桨距机构的作用：风机切入、切出时减少冲击；超过额定风速时限制功率；气动刹车。

变桨距执行系统是一个随动系统，有液压变桨和电动变桨（图 3-21）两种。

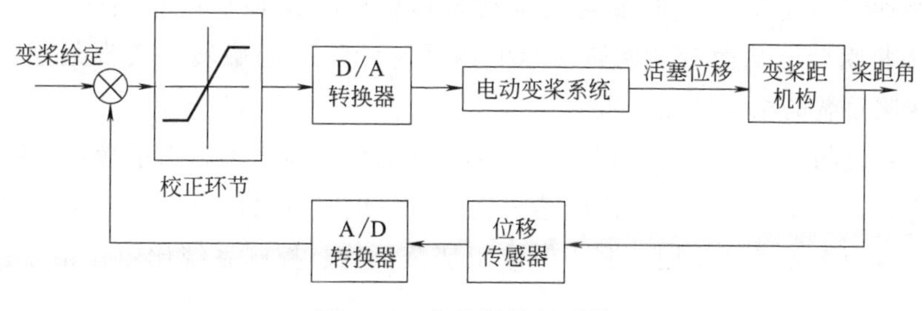

图 3-21 变桨距执行系统

（1）液压变桨系统

液压变桨系统以液体压力驱动执行机构，液压变桨系统又可分为叶片单独变距和统一变距两种类型。

液压变桨系统以电动液压泵作为工作动力，液压油作为传递介质，电磁阀作为控制单元，通过将油缸活塞杆的径向运动变为叶片的圆周运动来实现叶片的变桨距。

① 液压变桨系统的结构 液压变桨系统从结构上来说，包括主控 PLC、液压电机、液压机械泵、液压油油箱、储能罐、滤芯、滤芯缸、油管、变桨缸、变桨连杆、爆破阀、比例阀、电磁阀、压力传感器、位置传感器等。液压变桨系统的结构如图 3-22 所示。

② 液压变桨系统的优缺点

a. 优点：出力大，动作平稳，无后冲间隙，由蓄能器提供可靠安全的保护。

b. 缺点：液压油、过滤器需定期检测、更换；液压油有泄漏，可能造成污染；液压泵动作频繁，耗能大，噪声大。

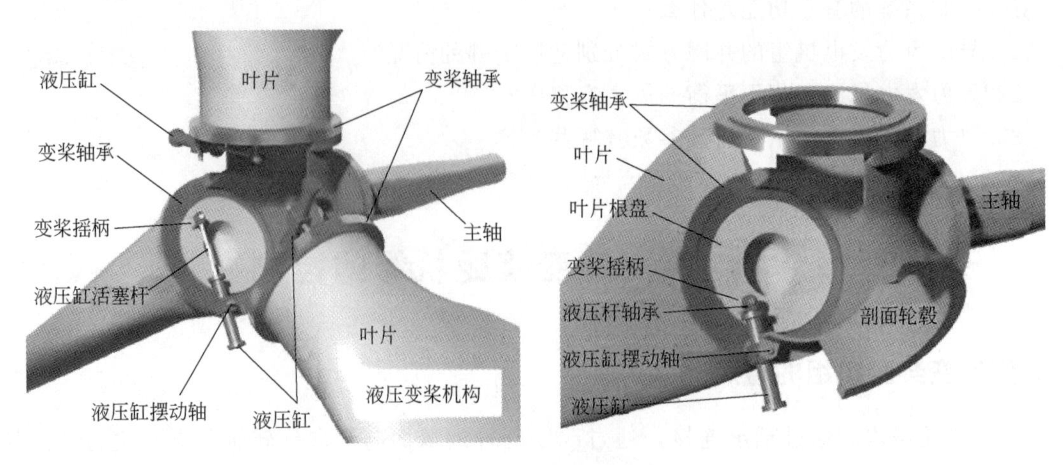

图 3-22 液压变桨系统的结构

(2) 电动变桨系统

电动变桨系统以伺服电机驱动齿轮实现变距调节，3 个叶片分别带有独立的电驱动变桨距系统。

机械结构主要包括伺服电机、伺服驱动器、回转支承、减速装置、传感器和 2 个限位开关等。伺服电机有异步电机、直流电机和三相永磁同步电机三种。

减速装置固定在轮毂上，回转支承的内环安装在叶片上，叶片轴承的外环固定在轮毂上。当变桨距系统上电后，伺服电机带动减速机的输出轴小齿轮旋转，而小齿轮与回转支承的内环相啮合，从而带动回转支承的内环与叶片一起旋转，实现桨距角 β 的控制。外齿轮电动变桨系统的结构见图 3-23。

液压变桨系统与电动变桨系统相比，液压传动的单位体积小，重量轻，刚度大，定位精确，动态响应好，扭矩大，并且无需变速机构，在失电时将蓄压器作为备用动力源，对叶片进行全顺桨作业而无需设计备用电源。但液压变桨机构、控制系统比较复杂，且存在漏油、卡塞等现象。

叶片是在不断旋转的，必须通过一个旋转接头将机舱内液压站的液压油管路引入旋转中的轮毂，液压油的压力在 20MPa 左右，因此制造工艺要求较高，难度较大，管路也容易产

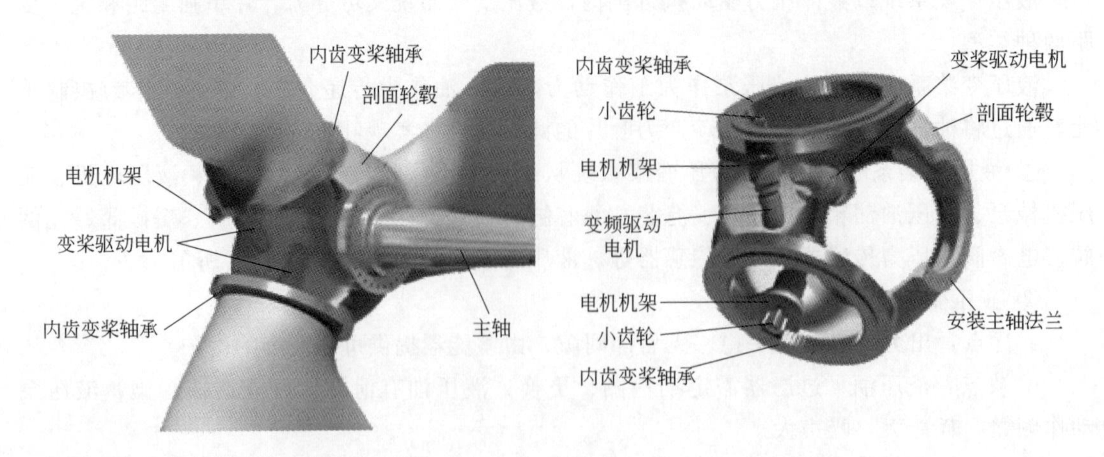

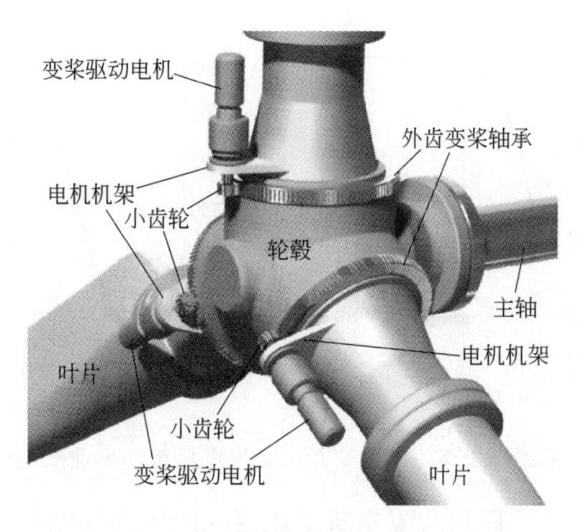

图 3-23 外齿轮电动变桨距系统的结构

生泄漏现象。液压系统由于受液压油黏温特性的影响，对环境温度的要求比较高，对于在不同纬度使用的风机，液压油需增加加热或冷却装置。

2. 运行控制特点

① 风能利用系数 C_p 与叶尖速比 λ 和叶片的节距角 β 成非线性关系（图 3-24）。

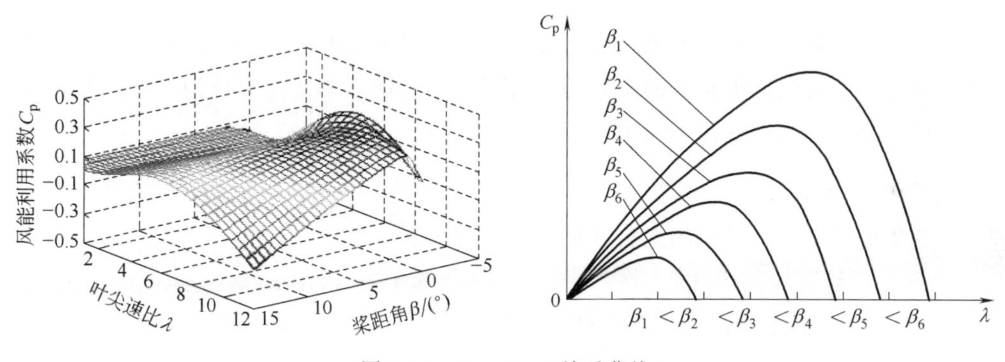

图 3-24 C_p、λ、β 关系曲线

② 对于某一固定叶片节距角 β，存在唯一的风能利用系数最大值 C_{pmax}。

③ 对于任意的叶尖速比 λ，叶片桨距角 $\beta=0°$时的风能利用系数 C_p 相对最大。随着叶片桨距角 β 增大，风能利用系数 C_p 明显减小。

④ 在低于额定风速时，叶片桨距角固定为 $\beta=0°$，通过发电机控制（直接转速控制、间接转速控制），使风能利用系数恒定在 C_{pmax}，捕获最大风能；在高于额定风速时，变桨控制和发电机控制进行协调控制，保持机组输出额定功率不变。

⑤ 在额定功率点以上输出功率平稳。

⑥ 由于变桨距风力发电机组的叶片桨距角是根据发电机输出功率的反馈信号来控制的，它不受气流密度变化的影响，无论是由于温度变化还是海拔引起的空气密度变化，变桨距系统都能通过调整叶片角度，使之获得额定功率输出。这对于功率输出完全依靠叶片气动性能的定桨距风力发电机组来说，具有明显的优越性。定桨距与变桨距风力发电机组功率曲线比较见图 3-25。

⑦ 启动性能与制动性能。低风速时，叶片桨距角可以转动到合适的角度，使风轮具有

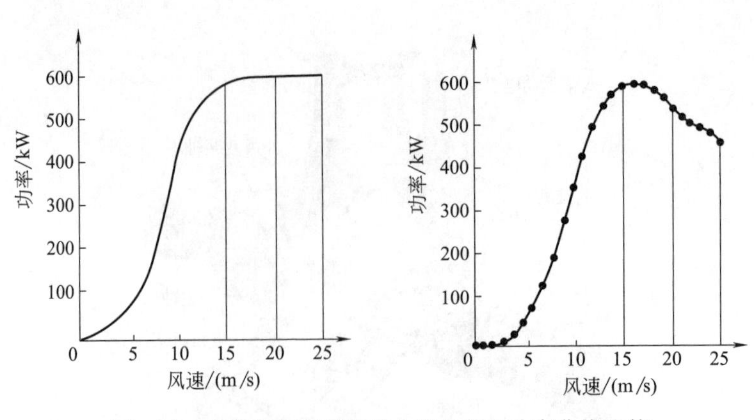

图 3-25　变桨距与定桨距风力发电机组功率曲线比较

最大的启动力矩，从而使变桨距风力发电机组比定桨距风力发电机组更容易启动。在变桨距风力发电机组中，一般不再设计电动机启动的程序。当风力发电机组需要脱离电网、停机时，通过空气动力制动的方式可以安全停机。变桨距系统可以先转动叶片使之减小功率，在发电机与电网断开之前，功率减小至 0，这意味着当发电机与电网脱开时，没有转矩作用于风力发电机组，避免了在定桨距风力发电机组上每次脱网时所要经历的突甩负载的过程。

二、变速变桨距机组的运行状态

从空气动力学角度考虑，当风速过高时，只有通过调整叶片桨距，改变气流对叶片的角度，从而改变风力发电机组获得的空气动力转矩，才能使功率输出保持稳定。同时，风力机在启动过程中也需要通过变距来获得足够的启动转矩。

1. 运行区域及模式

变速变桨距风力发电机组的运行区域大致可分为五个：

① 并网区　转速控制模式；

② MPPT 区　不控模式（桨距角固定为零）；

③ 转速限制区　转速控制模式或不控模式；

④ 功率限制区　转速控制模式或功率控制模式；

⑤ 切出停机区　刹车控制模式（顺桨）。

2. 运行状态

变速变桨距风电机组根据变桨距系统所起的作用，可分为三种运行状态，即风电机组的启动状态（转速控制）、欠功率状态（不控制）和额定功率状态（功率控制）。各种状态下桨距角的控制规律见图 3-26。

（1）启动状态

变桨距风轮的叶片在静止时，桨距角为 90°，这时气流对叶片不产生转矩，整个叶片实际上是一块阻尼板。

当风速达到启动风速时，叶片向 0°方向转动，直到气流对叶片产生一定的攻角，风轮开始启动。

在发电机并入电网以前，变桨距系统的桨距给定值由发电机转速信号控制。

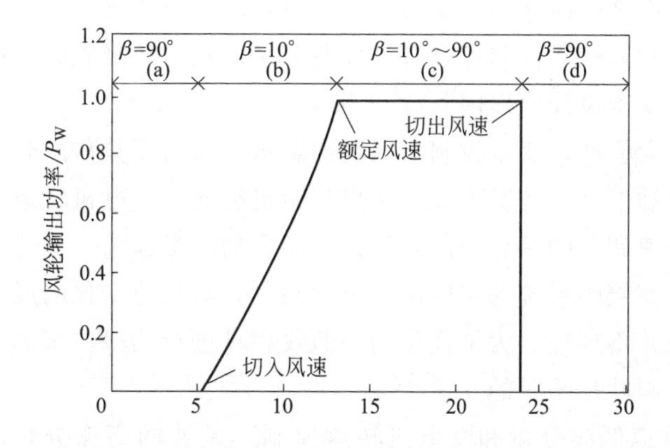

图 3-26 各区域内的桨距角控制规律

转速控制器按照一定的速度上升斜率给出速度参考值，变桨距系统根据给定的速度参考值，调整桨距角，进行所谓的速度控制。

为了确保并网平稳，对电网产生尽可能小的冲击，变桨距系统可以在一定时间内保持发电机的转速在同步转速附近，寻找最佳时机并网。虽然在主电路中也采用了软并网技术，但由于并网过程的时间短，冲击小，可以选用容量较小的晶闸管。

为了使控制过程比较简单，早期的变桨距风力发电机组，在转速达到发电机同步转速前对叶片桨距并不加以控制。在这种情况下，叶片桨距只是按所设定的变桨距速度，将桨距角向0°方向打开，直到发电机转速上升到同步转速附近，变桨距系统才开始投入工作。转速控制的给定值是恒定的，即同步转速。

转速反馈信号与给定值进行比较。当转速超过同步转速时，叶片桨距向迎风面积小的方向转动一个角度，反之则向迎风面积增大的方向转动一个角度。

当转速在同步转速附近保持一定时间后发电机即并入电网。

（2）欠功率状态

欠功率状态是指发电机并入电网后，由于风速低于额定风速，发电机在额定功率以下的低功率状态下运行。

对于变速变桨距风电机组而言，在额定风速以下运行时，机组应尽可能提高能量转换率。这主要通过发动机转矩控制，使风轮能够跟踪风速的变化，保持在最佳叶尖速比运行来实现。这时没有必要改变桨距角，此时的空气动力载荷通常比额定风速时小，因此也没有必要通过变桨来调节载荷。

与转速控制道理相同，在早期的变桨距风力发电机组中，对欠功率状态不加控制。这时的变桨距风力发电机组与定桨距风力发电机组相同，其功率输出完全取决于叶片的气动性能。

（3）额定功率状态

当风速达到或超过额定风速后，风力发电机组进入额定功率状态。

在传统的变桨距控制方式中，这时将转速控制切换到功率控制，变桨距系统开始根据发电机的功率信号进行控制。控制信号的给定值是恒定的，即额定功率。

功率反馈信号与给定值进行比较，当功率超过额定功率时，叶片桨距就向迎风面积小的方向转动一个角度，反之则向迎风面积增大的方向转动一个角度。

在额定风速之上时，变桨控制可以有效地调节风电机组所吸收的能量，同时控制风轮上的载荷，使之限定在安全设计值以内。

但由于风轮的巨大惯性，变桨控制对机组的影响通常需要数秒的时间才能表现出来，这很容易引起功率的波动。在此情况下，变速变桨距机组通过发电机转矩控制来实现快速的调节，以变桨调节与变速调节的耦合控制来保证高品质的能量输出。

具体来说，由于变桨距系统的响应速度受到限制，对快速变化的风速，通过改变桨距来控制输出功率的效果并不理想。为了优化功率曲线，在进行功率控制的过程中，其功率反馈信号不再作为直接控制叶片桨距的变量。

变桨距系统由风速低频分量和发电机转速控制，风速的高频分量产生的机械能波动，通过迅速改变发电机的转速来进行平衡，即通过转子电流控制器对发电机转差率进行控制。

当风速高于额定风速时，允许发电机转速升高，将瞬变的风能以风轮动能的形式储存起来；转速降低时，再将动能释放出来，使功率曲线达到理想的状态。

以上三个阶段，用公式描述如下（考虑了切出风速）：

$$P_{\mathrm{M}}=\begin{cases}0 & v<v_{\mathrm{in}} \\ C_{\mathrm{p}}(\lambda,\beta)\dfrac{1}{2}\rho A v^{3} & v_{\mathrm{in}}<v<v_{\mathrm{e}} \\ P_{\mathrm{e}} & v_{\mathrm{e}}<v<v_{\mathrm{out}} \\ 0 & v_{\mathrm{out}}\leqslant v\end{cases}$$

变桨距调节方法可以分为三个阶段。

① 开机阶段　当风电机组达到适行条件时，计算机命令调节桨距角。第一步将桨距角调到 45°，当转速达到一定值时，再调节到 0°，直到风电机组达到额定转速并网发电。

② 保持阶段　当输出功率小于额定功率时，桨距角保持在 0°位置不变。

③ 调节阶段　当发电机输出功率达到额定功率后，调节系统即投入运行。当输出功率变化时，及时调节桨距角的大小，在风速高于额定风速时，使发电机的输出功率基本保持不变。

三、变速变桨距机组的控制策略

变速变桨距风电机组控制系统构成如图 3-27 所示。

① 主控制器主要完成机组运行逻辑控制，如偏航、对风、解缆等，并在桨距调节器和功率调节器之间进行协调控制。

② 桨距调节器主要完成叶片桨距角的控制。在额定风速之下，保持最大风能捕获效率，在超额定风速情况下，限制功率输出保持在额定功率。

③ 功率控制器主要完成变速恒频控制，保证上网电能质量，与电网电压同频、同相输出。在额定风速之下，在最大升力桨距角位置，调节发电机、风轮转速，保持最佳叶尖速比运行，达到最大风能捕获效率。在额定风速之上，配合变桨距机构，最大恒功率输出。

④ 小范围的抑制功率波动，由功率控制器变流器完成，大范围的超功率调节由变桨距

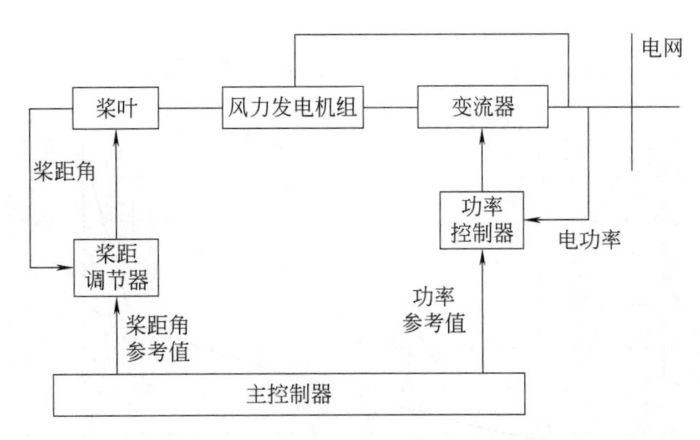

图 3-27 变速变桨距风电机组控制系统构成

控制完成。

1. 基本控制要求

由于在实施控制的过程中，会对风电机组的结构性负载及振动产生影响，这种影响严重时，足以对机组产生破坏作用，所以在设计控制算法时，除了保证发电效率和电能质量外，还要进行准确的结构动力学分析，以进行优化设计。

在第一章中已经对风电机组尤其风轮部分的载荷特性做了说明，这里就不再赘述。

基本控制要求：

① 保证高发电效率和电能品质；

② 减小传动链的转矩峰值；

③ 通过动态阻尼来抑制传动链振动；

④ 避免过多的变桨动作和发电机转矩调节；

⑤ 通过控制风电机组塔架的振动，尽量减小塔架基础的负载；

⑥ 避免轮毂和叶片的突变负载。

2. 基本控制策略

变速变桨距风电机组的基本控制策略，就是在不同风速段、不同工作条件下，采用不同的控制方法，调整风电机组的运行状态，使其在工作曲线上表现出预期特性。包括以下几方面：

① 机组在启动或停机时，为限制并网或脱网功率而进行的变桨变速耦合控制；

② 机组在额定转速以下运行时，使机组转速能够跟随风速变化而进行的发电机转矩控制；

③ 机组运行在额定转速而风速小于额定风速情况下，使机组保持稳定转速的变速变桨耦合控制；

④ 机组在额定风速以上运行时，为保持稳定的功率输出而进行的变速变桨耦合控制。

对于变速和变桨控制，要求系统有快速的响应，以避免风电机组偏离给定的工作曲线。

控制器需要精心的设计，才能获得良好的动态特性，且不对机组运行的其他方面产生不良影响。

（1）转速-转矩特性

风电机组的稳态运行轨迹，为图 3-28 中的 $ACEF$ 或 $ADGF$。

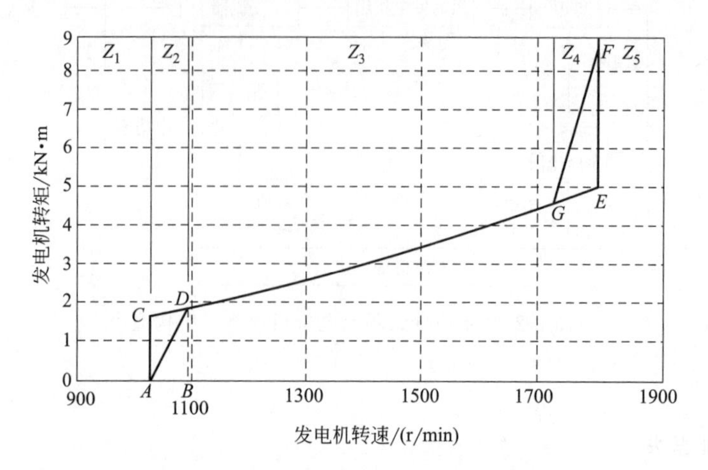

图 3-28 风电机组的转速-转矩运行轨迹

如采用 $ACEF$ 的控制方式，在 AC 段和 EF 段，将出现同一转速下大范围的转矩变化，这对于实时控制是不利的，需要先进的控制技术来支持，以实现在同一转速下转矩变化范围不至于过大。

加入变速恒频控制，就可以采用 $ADGF$ 的控制方式，这样就可以使转矩和转速一一对应。

$ADGF$ 的运行可以分为 Z_1 到 Z_5 五个控制区间：

Z_1 机组未并网，风速小或者风轮未加速到并网转速；

Z_3 以 C_{pmax} 曲线运行，获得最大风能转化效率，转矩与转速呈二次方关系；

Z_5 恒定功率运行阶段，转矩与转速的乘积为机组额定功率，以变桨系统实现对风轮机械功率的控制；

Z_2 Z_1 到 Z_3 的线性过渡阶段；

Z_4 Z_3 到 Z_5 的线性过渡阶段。

控制系统以变速控制来实现最大能量获取，以变桨控制来实现风轮输入功率的调整。

控制系统不但要控制机组的功率表现，还要在控制环节中加入对塔架和传动链振动的动态阻尼调节。

为实现稳态运行曲线，必须先确定以下参数：

① 并网转速；

② 额定转速；

③ 动态最大转速限制；

④ 额定转矩；

⑤ 动态最大转矩限制；

⑥ C_{pmax} 运行段的系数。

在空气密度、叶片长度相同的条件下，最优叶尖速比 λ_{opt} 只取决于叶片的空气动力特性。λ_{opt} 不同，机组的最优功率曲线就不一样，整机厂要根据不同叶片的特性，来调整机组的运行曲线。

在机组的运行范围内，只要 $ADGF$ 的位置被确定，任意转速下的发电机的转矩控制目标都能被确定下来。

（2）基本控制逻辑（图 3-29）

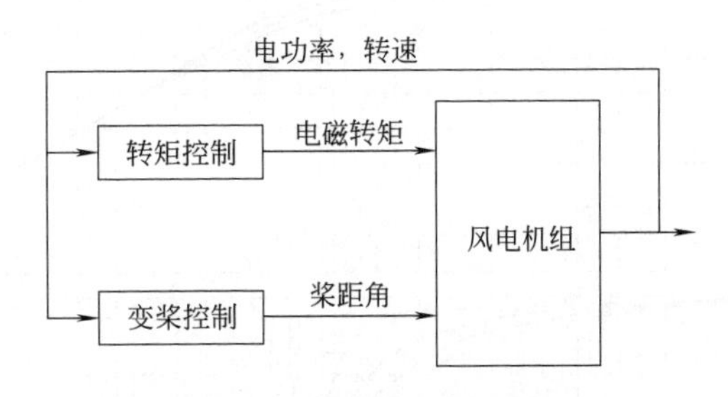

图 3-29 基本控制逻辑图

为实现变速恒频运行，需要控制的参数是桨距角和发电机电磁转矩。

由于风速测量的不准确性，控制的输入量通常用发电机转速和电功率。

为了使风电机组按照理想的轨迹运行（特别是在追寻最大功率曲线的过程中），以便在测量到准确的发电机转速和电功率后，能够唯一确定被控制的发电机电磁转矩和桨距角，可以采用以下两种方法。

① 先根据叶片特性计算出最佳叶尖速比 λ_{opt} 和最大风能利用系数 C_{pmax}，将其作为固定值设置在控制器中，由测量到的发电机转速就可以得到最大功率下的理想发电机电磁转矩。不过，如果叶片制造商给出的特性参数有偏差，就会导致机组不断追寻却永远也得不到最优运行工作点，损失一部分发电量。

② 以爬山法来追求最优工作点，时刻计算功率对转速的微分，使其等于 0，从而获得最大功率输出。该方法对叶片特性参数不敏感，在工作区间能获得最大能量，但可能会造成更多的功率波动。

在实际应用中，大多采用前一种方法。

（3）滤波器

在实际运行中，机组的转速随时会有波动，为避免不必要的过多动作，在进行控制操作前，要先对测量到的转速信号进行低通滤波。低通滤波器的频率特性见图 3-30。

此外，如果机组在整个变速运行范围内，叶片的面内一阶振动模态和叶片旋转频率的 3P（3 叶片）和 6P（6 叶片）发生交越，在交越点有可能会发生共振，必须在变桨控制中进行规避。

可采用带阻滤波器的方法，带阻中心频率为叶片面内一阶振动频率。图 3-31 为带阻滤波器的频率特性。

（4）转矩和变桨控制

转矩控制和变桨控制的基本方法都是 PI 控制，但转矩 PI 控制器的 K_p 和 K_i 是固定值，而变桨 PI 控制器的 K_p 和 K_i 是随桨距角 β 变化的，增益 G 为桨距角 β 的非线性函数，在控制上可以采用查表法。

若机组的运行轨迹为 $ADGF$，可以认为在 Z_4 区域变桨不参与控制，变桨控制和转矩控制就不存在同时工作的问题，避免了两种控制同时施加时可能产生的耦合振荡。

若机组的运行轨迹为 $ACEF$，则在 F 点附近需要进行耦合控制，获得各自变化的 PI 控制效果。

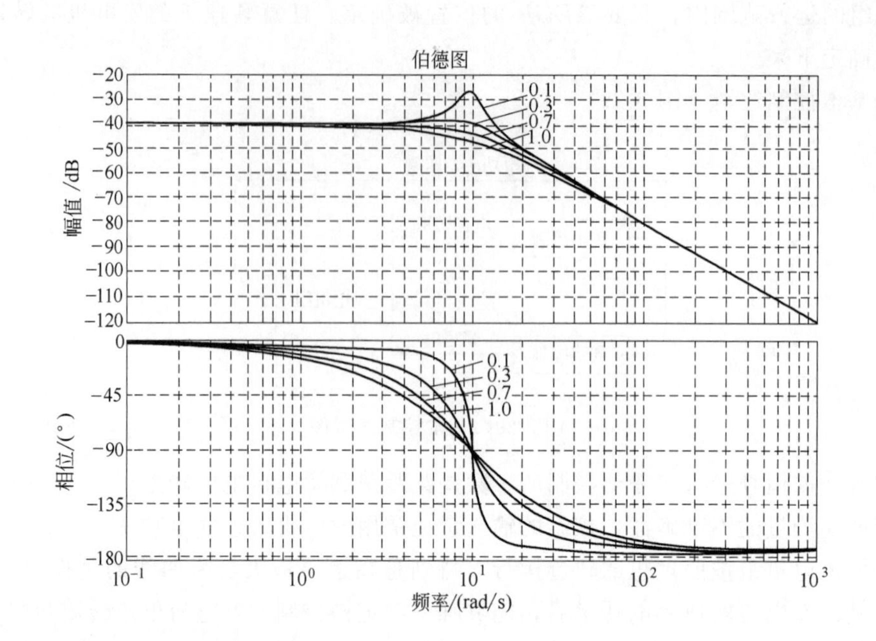

图 3-30 低通滤波器的频率特性

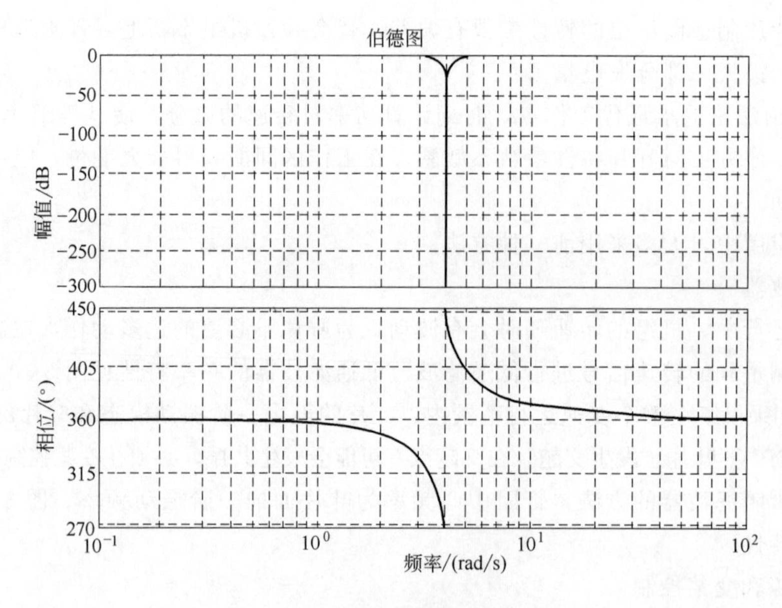

图 3-31 带阻滤波器的频率特性

($\omega_1=\omega_2=4$rad/s，阻尼比 δ_1 和 δ_2 分别为 0 和 0.2 时)

图 3-32 中的 ω_0 点对应 F 点的发电机转速，为实现变桨和转矩控制效果的平滑过渡，可采用对其各自的 PI 参数在一个小的速度区间（$\omega_1 \sim \omega_2$）内进行斜率饱和的方法。

(5) 传动系统的扭转振动抑制

定速定桨距机组的异步发电机转差曲线是一个很强的阻尼器，阻力矩随着转速的增加而增加，传动系统的扭转振动因此而存在很大的阻尼，一般不会产生什么问题。

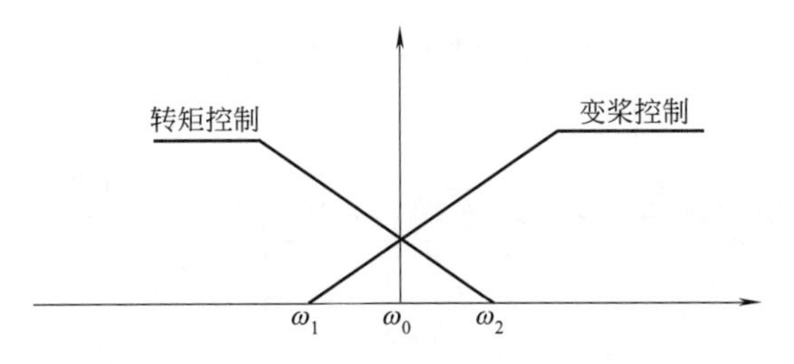

图 3-32 转矩控制和变桨控制的耦合

但对于变速变桨距机组，尤其是处于恒转矩控制状态下，风轮、齿轮箱和发电机的阻尼都很小，因此叶片的平面内振动模态和电磁转矩脉动可能激发传动系统产生剧烈的扭转振动。

一个解决办法是可以人为地加入一些机械阻尼，如设计适当的弹性支承或连接器，但会相应增加成本。

此外，从控制的角度，还可以对发电机的转矩控制进行适当的修改来提供阻尼。也就是根据扭转振动频率，在转矩给定值的基础上，增加一个转矩纹波，通过对纹波相位的调整，来抵消谐振作用，从而产生阻尼效果。

附加纹波可根据测量的发电机转速信号，通过带通滤波器产生。图 3-33 为带通滤波器的频率特性。

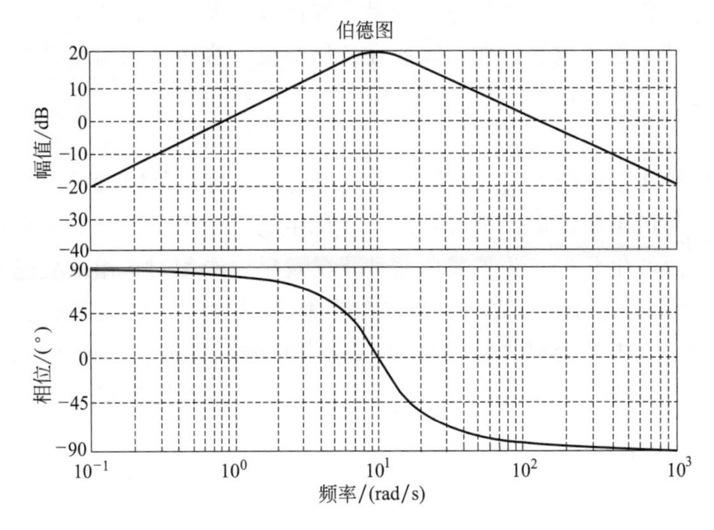

图 3-33 带通滤波器的频率特性

带通滤波器的带通频段通常接近于叶片旋转的 3P 或 6P 频率，极易引起系统振荡。这种情况下，可以在带通滤波器上再叠加对 3P 或 6P 频率的带阻滤波器。这样，转矩控制器就可以表示为图 3-34 所示的增加传动链阻尼后的转矩控制器。

(6) 塔架前后振动的抑制

对于变速变桨距机组，设计控制算法的主要限制因素，是变桨控制对塔架振动和载荷的影响。

塔架的第一振动模态是弱阻尼振荡，会表现出很强的谐振效应。也就是说，来自自然风

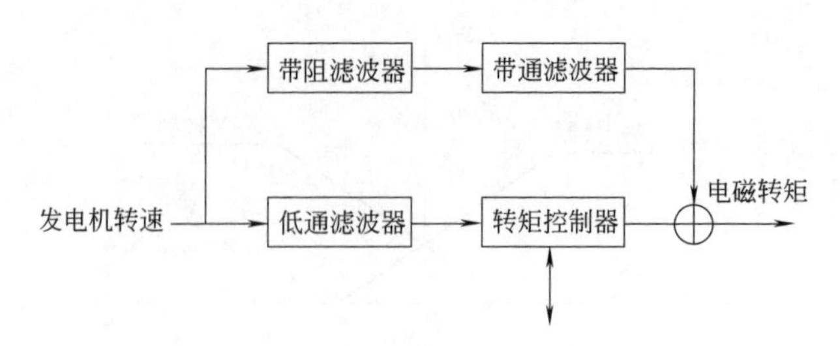

图 3-34 增加传动链阻尼后的转矩控制器

况的很小的激励，就可以使振动达到很高的强度。

响应的强弱取决于阻尼的大小，这种阻尼主要来自于风轮的空气动力阻尼。

变桨控制动作可以改变该模式下的有效阻尼的大小。因此，在设计变桨控制器时，应避免进一步降低已经很小的阻尼，如果可能的话应使其增大。

实现的方法是在图 3-34 中的带通滤波器的基础上，再加一个带阻滤波器，带阻滤波器的中心频率为塔架前后一阶振动频率，用于限制叶片旋转频率、塔影效应和风剪切特性造成的叶片平面外振动激发塔架共振。

3. 常用控制方法

变速变桨距机组的一大优点，是在额定风速以下的某风速段，风轮转速可以随风速变化而变化，因此可以保持最优叶尖速比以获得最大风能。

然而，在实际运行中，要获得理论上的最大风能捕获是非常困难的。只能是采用一些方法，使机组实现尽可能好的控制性能，既能在低风速段和高风速段避免共振，又可以获得较高的风能利用系数。

(1) 转速跳跃

为了实现在低风速下保持 C_{pmax} 的目的，机组的转速变化范围就很大，由于转矩及相关的扭转振动频率是和机组转速成比例关系的，在机组的变速范围内就有可能产生扭转振动激发结构的自然频率而产生共振。为了避免这种状况发生，必须对机组的变速范围加以限制。

在图 3-35 所示的运行特性曲线上，结构在转速 Ω_1 和 Ω_2 之间的某点会激发共振。机组转速在运行的过渡过程中，会很快地在 Ω_1 和 Ω_2 之间进行切换，从而避免了共振。

在过渡过程中，机组不再运行在 C_{pmax} 上，会造成一定的能量损失。

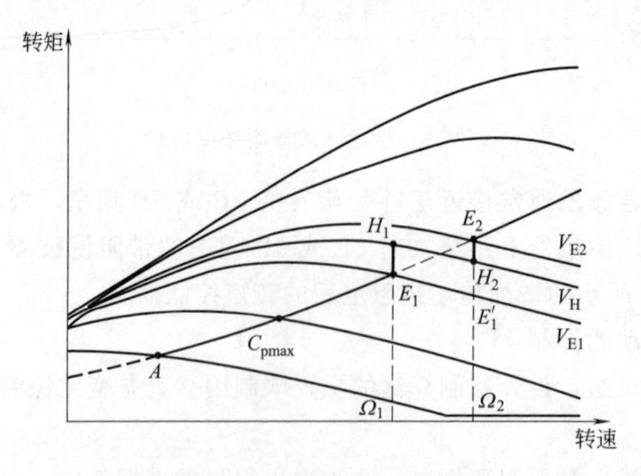

图 3-35 转速跳跃运行特性曲线

图中，H_1 点对变速区域的某一风速而言，更靠近其失速点，为尽可能多地获得能量，在 Ω_1 和 Ω_2 之间差值不变的情况下，可以使 E_1H_1 段的长度小于 E_2H_2 段，或者设定曲线为 $AE_1E_1'H_2E_2$。

在控制实现上，可以以转速和功率为切换的判断依据，加入滞环控制来避免频繁地切换。

(2) 降低运行轨迹的性能

变速范围内的 C_{pmax} 曲线是由一系列稳态的运行点所构成的，在实际运行中跟踪该轨迹的能力必须考虑到动态影响，如控制器的效果、湍流强度和空气动力学特性。

事实上，控制器由于自身能力所限，不能使机组严格运行在 C_{pmax} 曲线上，而是在该曲线附近波动回归，如果机组的 C_p-λ 特性较为陡峭，也即机组很容易由于靠近失速点而降低气动效率，那么就可能带来不必要的功率损失。

图 3-36 说明了 C_{pmax} 曲线上、下侧获得 95%C_{pmax}、97%C_{pmax} 和 99%C_{pmax} 的运行曲线。

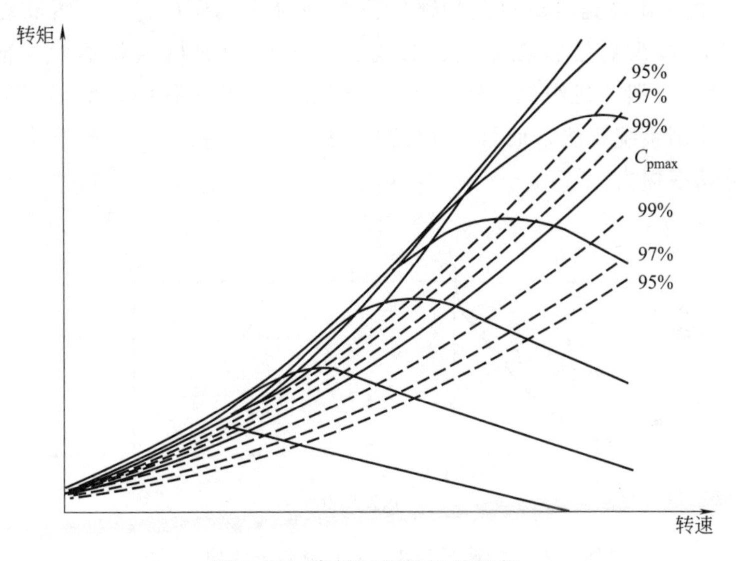

图 3-36 降低运行轨迹的性能

可见，当机组动态运行在 C_{pmax} 曲线上侧时，很容易造成气动效率下降；而机组动态运行在 C_{pmax} 曲线下侧时，气动效率下降较缓慢。因此，将机组实际的运行曲线设定在稍低于 C_{pmax} 曲线的轨迹上，是有利于提高整个运行范围内的气动效率的。

注意：该方法的采用取决于控制器的性能、湍流强度和 C_{pmax}-λ 特性。

(3) 变速与变桨的分步控制

对于理想的运行特征曲线，要求在额定运行点 C 具有较强的变速与变桨的耦合控制作用，这对于控制系统和各执行机构的协调性要求较高。如果把 C 点作为转矩控制器和变桨控制器的切换点，在风况变化很快的情况下，有可能在 C 点造成较大的功率和转速波动，甚至失去稳定。

早期的机组为解决此问题，有的采用变速与变桨的分步控制方法，如图 3-37 所示。

例如，在 C'点以下，转矩控制是激活的，而桨距给定值被固定在最优限定值上；而高于 C'点时，变桨控制是激活的，转矩给定值被固定在额定值上。

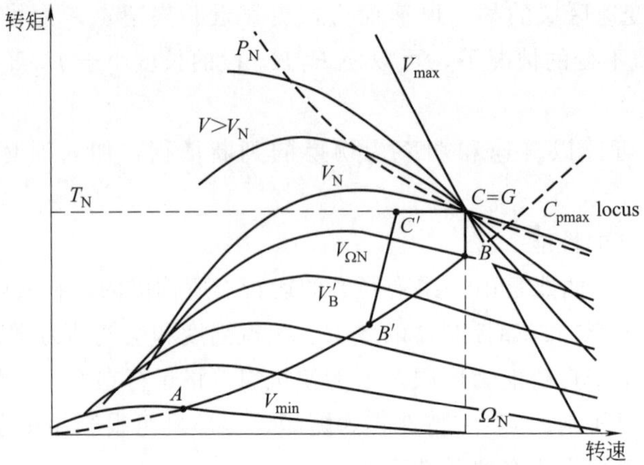

图 3-37　变速与变桨分步过渡的运行特性

图 3-38 中，机组由变速区域过渡到额定点的轨迹为 $AB'C'C$，虽然最终的额定运行点是一样的，但 $B'C'$ 段没有运行在 C_{pmax} 曲线上。在 C' 点，机组就达到了额定转矩 $T_{\mathrm{N}}=P_{\mathrm{N}}/\Omega_{\mathrm{N}}$，之后的 $C'C$ 段，机组以恒转矩运行。可见在过渡过程中，变桨调节只参与了最后一部分，简化了控制系统算法，而且 $C'C$ 之间的转速差存在较大的调节裕度，但不可避免地带来了一部分功率损失。

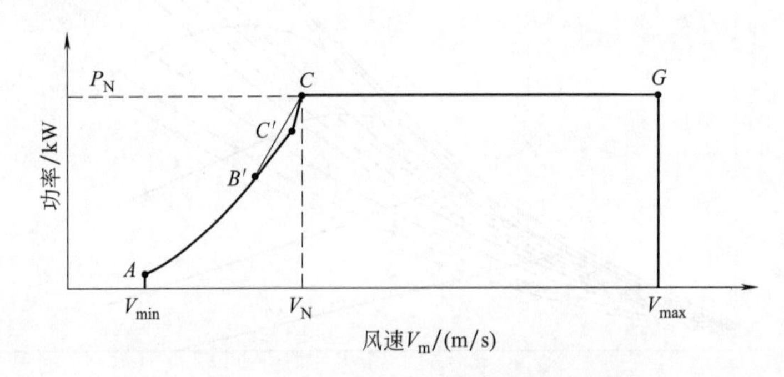

图 3-38　变速与变桨分步控制带来的功率损失

(4) 在过渡区域进行变桨调节以增强可控性

实际运行中，由于风轮动态特征的影响，如果在额定点 C 附近的状态只靠变速控制或变桨控制向额定运行点 C 进行回归，由于转矩调节和转速调节的效果存在较大的时间差，将很难使机组的运行状态稳定在 C 点。

可取的方法是同时运行两个控制器，其运行机制是，在远离额定风速时，置其中一个或另一个控制环饱和，因此，在大多数时间里，还是只有一个控制器处于激活状态，但在接近额定点时它们可以建设性地相互干预。

有一种算法是在变桨 PID 控制器中引入转速误差的同时还引入转矩误差项。无论是在额定值以上，由于转矩给定值饱和在额定值，转矩误差为零，还是在额定值以下，转矩误差为负值，积分项都会使桨距角给定值偏向最优限定值，防止变桨控制器在低风速时动作。而比例项则在风速增加很快时，有助于在转矩达到额定值之前启动变桨。

运行在额定风速以上时，也要防止转矩给定值跌落。当桨距角不在最优限定值时，采用转矩的单向控制，是一种有效防止转矩给定值降低的方法。用风轮的动能来避免瞬时的功率降低，也能使功率在额定风速附近平稳输出。

为达到理想的平稳过渡效果，可以选择在到达额定点 C 以前就提前变桨，如图 3-39 所示，控制风轮吸收的机械功率，限制风轮过大的动态惯性能量冲击。这样的控制方法，可以有效地增强系统的可控性和可靠性，但是带来的不利因素是将提高机组的额定风速，也即提高了 BC 段过渡区域的长度。尽管如此，目前大多数的变速恒频风电机组还是采用了这样的过渡方式，毕竟在额定点控制瞬态载荷是非常重要的，而且事实上采用这样的过渡方式带来的功率损失也很小。

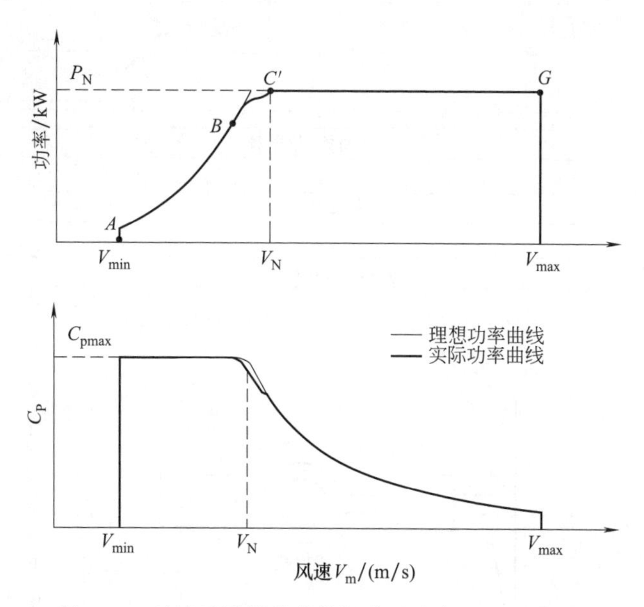

图 3-39 过渡区域提前变桨调节对功率和 C_p 的影响

四、变速变桨距机组的控制过程

图 3-40 为变速变桨距机组的控制程序框图。

变速变桨距机组的控制过程，包括变桨控制、速度控制、功率控制、偏航控制、液压与制动控制、冷却系统控制、润滑系统控制等，是一个复杂的综合控制过程。变速变桨距机组的控制技术比较复杂，其控制系统主要由主控制器、桨距调节器和功率控制器（转矩控制器）三部分组成，如图 3-41 所示。

主控制器主要完成机组的运行逻辑控制，如偏航、解缆等，并在桨距调节器和功率控制器之间进行协调控制。

桨距调节器主要完成叶片桨距调节。在额定风速之下，保持最大风能捕获效率，在额定风速之上，限制功率输出保持在额定功率。

功率控制器主要完成变速恒频控制，保证上网电能质量，与电网同压、同频、同相输出。在额定风速之下，在最大升力桨距角位置，调节发电机、叶轮转速，保持最佳叶尖速比运行，达到最大风能捕获效率；在额定风速之上，配合变桨距机构，最大恒功率输出。小范围内的抑制功率波动，由功率控制器驱动变流器完成；大范围内的超功率，由变桨距控制完成。

图 3-42 是典型的模态线性化变速变桨距机组模型。

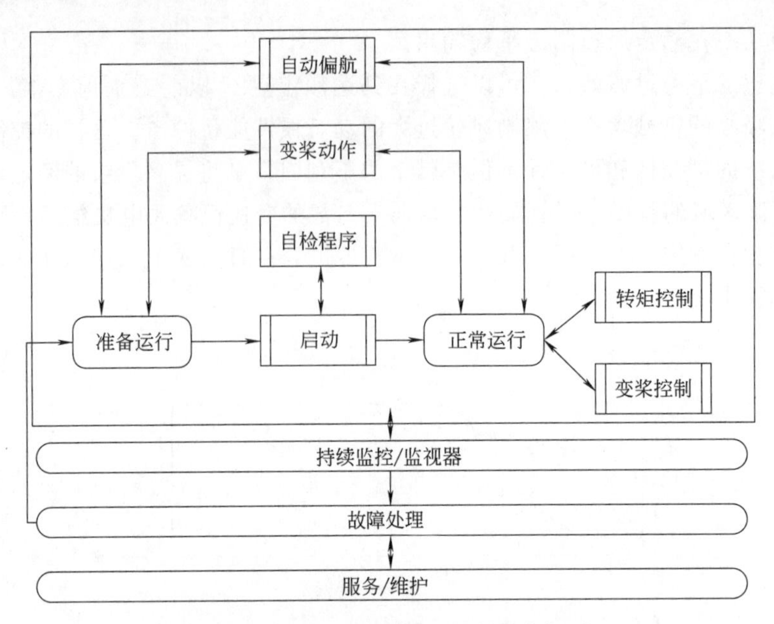

图 3-40 变速变桨距机组控制程序框图

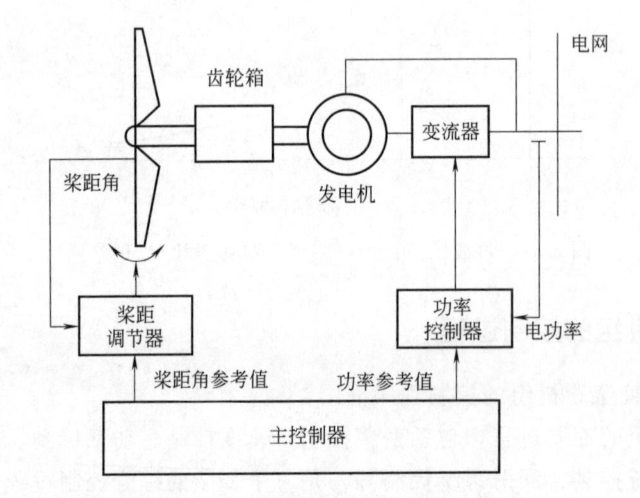

图 3-41 变速变桨距机组控制系统构成

机舱控制柜内控线
与机组弹性支承

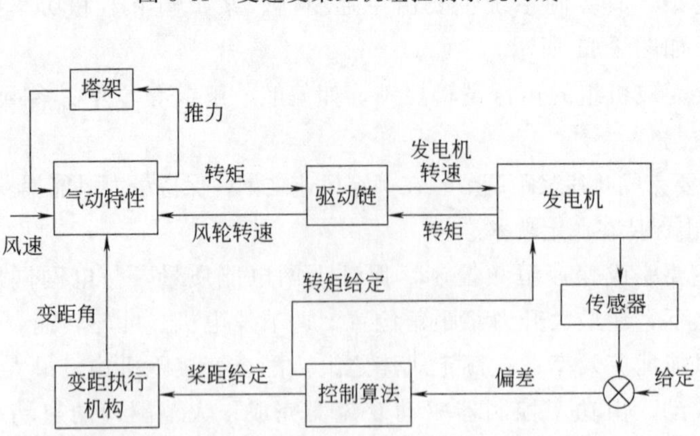

图 3-42 典型的模态线性化变速变桨距机组模型

习　　题

1. 变桨距执行系统按动力源分为____________和____________，目前很多机组都采用____________。

2. 变桨距机构的作用有____________、____________、____________。

3. 简述变速变桨距机组的运行控制特点。

4. 变速变桨距机组的运行区域分为____________、____________、____________、____________、____________。

5. 变速变桨距机组的运行状态分为____________、____________、____________，相应地，变桨距的调节方法可分为____________、____________、____________三个阶段。

6. 变速变桨距风电机组控制系统的主控制器主要完成____________，桨距调节器主要完成____________，功率控制器主要完成____________，功率控制器变流器完成____________。

7. 在空气密度、叶片长度相同的条件下，最优叶尖速比 λ_{opt} 只取决于____________。

8. 考虑到转速波动，应进行____________滤波；为避免叶片共振，应加入____________滤波；为实现变桨和转矩控制效果的平滑过渡，可采用对其各自的____________参数在一个小的速度区间（$\omega_1 \sim \omega_2$）内进行____________的方法；为抑制传动系统的扭转振动，可根据扭转振动频率，在转矩给定值的基础上，增加一个____________产生阻尼效果；为抑制塔架前后振动，可在带通滤波器的基础上再加一个____________滤波器。

9. ____________是设计控制算法的主要限制因素。

10. 将机组实际的运行曲线设定在稍____________于 C_{pmax} 曲线的轨迹上，是有利于提高整个运行范围内的气动效率的。

11. 变速变桨距机组的主要散热部件有____________、____________和____________。

12. 变速变桨距机组的基本控制要求和常用控制方法是什么？

13. 变速变桨距机组的控制过程包括哪些？

第四节　变速与变桨功率控制

一、主要运行控制过程

图 3-43 为机组的主要运行控制过程框图。当发电机没有并入电网的时候（状态 A），整个控制系统为转速反馈控制，改变叶片的转矩，使得发电机转速上升到速度给定值（同步转速），发电机并网。

并网后，控制系统切换到状态 B。当风速低于额定风速时，转速控制环根据转速给定值（高于同步转速 3%～4%）和风速，给出一个叶片桨距角的给定值，功率控制环根据功率反馈值，给出电流最大给定值，与转速给定值存在一定的差值，反馈回速度控制环节 B，速度控制环节 B 根据该差值，给出叶片桨距角的给定值，该值使变桨距机构将叶片调整到零角

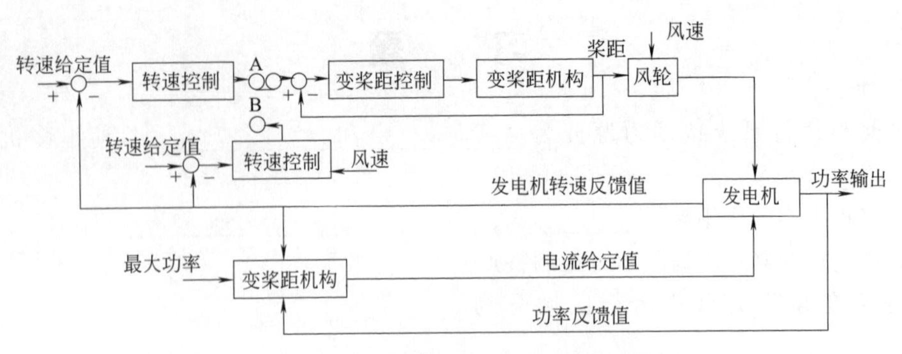

图 3-43 机组的主要运行控制过程框图

度，并保持叶片桨距角始终在零度附近，最大效率地吸收风能。

当风速高于额定风速时，发电机输出功率上升到额定功率，由于风轮吸收的风能高于风电机组的输出功率，发电机转速上升，速度控制环节 B 的输出值变化，使得叶片的桨距角发生变化，保证风轮吸收的风能与发电机输出功率相平衡。功率控制环节根据功率反馈值和速度反馈值，使得发电机转速发生改变，以保证发电机输出功率稳定。

二、发电机脱网控制

发电机脱网控制在风电机组进入待机状态或从待机状态重新启动时投入工作，如图 3-44 所示。在这个过程中，通过对节距的控制，转速以一定的变化率上升。

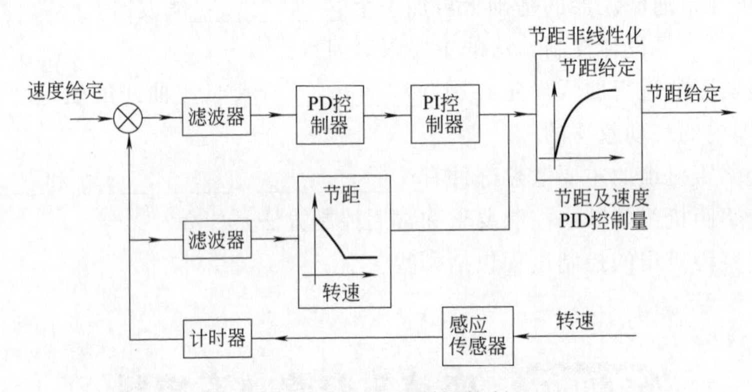

图 3-44 发电机脱网控制

控制器用于同步转速的控制。当发电机转速在同步转速±10r/min 内，发电机将切入电网。

控制器用于同步转速的控制，包含常规的 PD 和 PI 控制器，接着是桨距角非线性化环节。通过非线性化处理，增益随着桨距角的增加而减小，以此补偿由于转子空气动力学产生的非线性。

当风电机组从待机状态进入运行状态时，变桨距系统先将叶片桨距角快速地转到 45°，风轮在空转状态进入同步转速。当达到同步转速时，桨距角给定值从 45°减小到 5°。这一过程不仅使转子具有高启动力矩，而且在风速快速地增大时能够快速启动。

发电机转速通过主轴上的感应传感器测量，每个周期信号被送到微处理器做进一步处理，以产生新的控制信号。

三、发电机并网控制

发电机切入电网后，速度控制系统发挥作用。

如图 3-45 所示，速度控制器受发电机转速和风速的双重控制。在达到额定值前，速度给定值随功率给定值按比例增加。如果风速和功率输出一直低于额定值，节距控制将根据风速调整到最佳状态，以优化叶尖速比。如果风速高于额定值，发电机转速通过改变节距来跟踪相应的速度给定值。功率输出将稳定地保持在额定值上。从图 3-45 可以看到，在风速信号输入端设有低通滤波器，瞬变风速对节距控制并不影响。

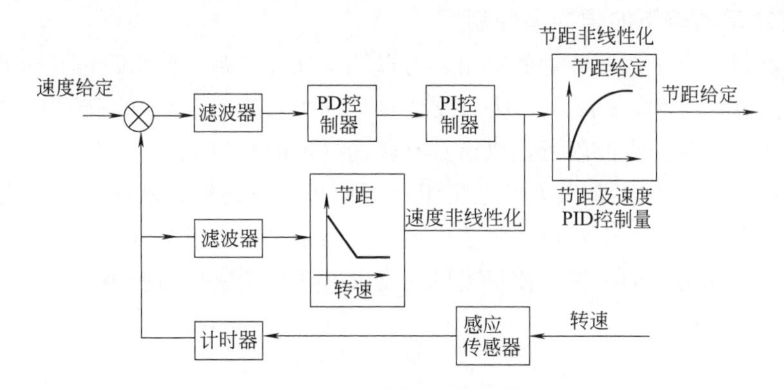

图 3-45 速度控制器（发电机并网）

与发电机脱网控制的结构相比，发电机并网控制增加了速度非线性化环节。这一特性增加了小转差率时的增益，以便控制桨距角加速趋于 0°。

四、功率控制

1. 切入风速时的转速控制

变桨距风电机组的叶片静止时，桨距角 β 为 90°，不产生转矩，叶片就好像是一块阻尼板。

风速达到切入风速时，叶片朝 0°方向转动，直到气流与叶片之间形成一定的攻角。此时，风力机得到最大的启动转矩，风电机组开始启动，因此不需要辅助的启动设备。

在发电机并网之前，发电机的转速信号控制着桨距角的给定值。按设定的速度上升斜率，转速调节器给出速度的参考值。系统通过比较速度参考值和反馈信号来调整桨距角，对系统进行速度闭环控制。

当转速反馈值超过同步转速时，桨距角 β 朝迎风面积减小的方向转动，β 增大，攻角 α 减小；反之，则向迎风面积增大的方向转动，β 减小，攻角 α 增大。

为了减小并网时对机组的冲击，保证平稳并网，可以在一定的时间内，使发电机的转速一直保持在同步转速附近，选择合适时机并网。

当机组需要脱网时，变桨距系统能够先转动叶片，使功率降低，在与电网断开前，功率降低为零，因此在与电网脱开时，不会有转矩作用于风电机组上，从而避免了突甩负载的过程，这是在定桨距风发电机组上每次脱网时所必要经历的过程。

2. 欠功率状态的不控制

当机组并网后，在风速低于额定风速时，发电机的运行状态是低功率状态，称为欠功率状态。

早期的变桨距风电机组，在此状态时不做任何控制，只是控制器调节叶片桨距角在0°附近不做变化。此时与定桨距风电机组相似，发电机的功率根据叶片的气动性能，会随风速的变化而改变。

后来，为了改善此阶段的叶片性能，并网运行的异步发电机上开始采用新技术，能够根据风速的变化对发电机的转差率进行调整，使机组尽可能运行在最优叶尖速比上，从而优化功率的输出。

3. 额定定功率状态下的恒功率控制

当风速过高时，为了改变叶片的攻角，可以调整叶片节距，使桨距角β朝迎风面积减小的方向转动，β增大，攻角α减小，从而改变空气动力转矩，保证功率输出在额定值附近。这时风电机组工作在额定点的附近，机组具有较高的风能利用率。

图3-46为变桨距和定桨距风力发电机组在不同风速下的输出功率曲线。由图可见，在额定风速以下，两者相似。但在额定风速以上，变桨距风电机组的输出功率维持恒定，而定桨距风电机组由于风力机的失速，使得当风速增大时输出功率反而减小。

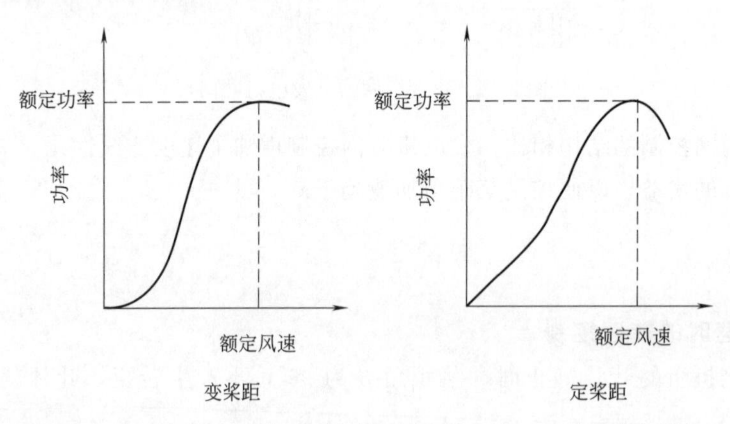

图3-46 不同风速下变桨距和定桨距风力发电机组的输出功率曲线

五、变速变桨距控制

1. 控制系统

变桨距风电机组转差可调异步发电机控制系统原理框图（图3-47）中，开关S代表机组启动并网前的控制方式，为转速闭环控制，开关R代表机组并网后的控制方式，为功率闭环控制。

其控制过程可分为三种情况。

① 当风速达到启动风速时，风机开始转动。随着转速的升高，变桨距控制使风力机的叶片桨距角连续变化，发电机的转速达到额定转速值（同步转速）后，发电机并入电网。

② 发电机并网后，通过转速控制、功率控制和转子电流的控制，使发电机的转差率调到最小值1%（发电机的转速大于同步转速1%）。同时由变桨距机构将叶片攻角调到零，以

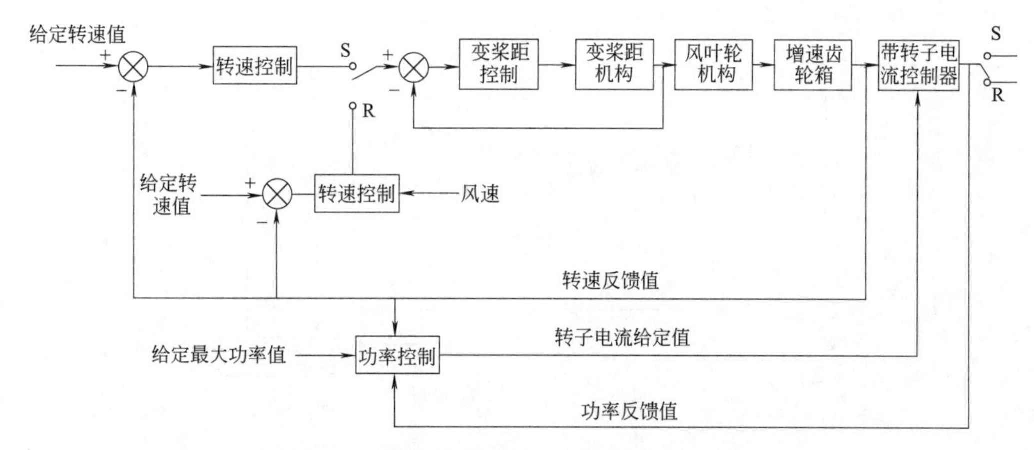

图 3-47 转差可调异步发电机控制系统原理框图

获得最大风能。

③ 当风速高于额定风速时，由于转子电流控制的动作时间通常比变桨距机构的动作时间快，通过转子电路中的电力电子装置的PWM控制来调节转子电路串联的电阻值，从而改变发电机的转差率，以维持转子电流不变，因此发电机的输出功率也将维持不变，实现恒功率输出。

带转子电流控制器（RCC）绕线转子异步发电机的系统原理图如图 3-48 所示，转子电流控制器安装在绕线转子异步发电机的转轴上，通过集电环与转子电路相连。转子电路中外接三相电阻，通过一组电子器件来调整转子回路电阻，从而调节发电机的转差率，实现调速的目的。

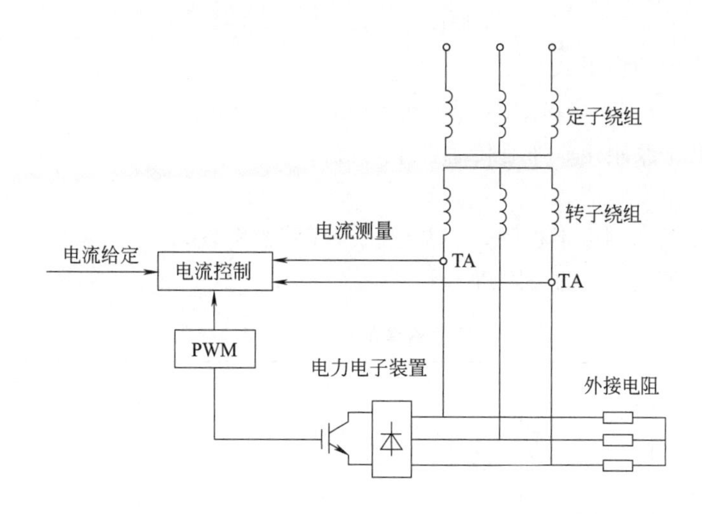

图 3-48 带 RCC 绕线转子异步发电机的系统原理图

2. 控制实现

变桨距控制系统的节距控制是由比例阀实现的。节距控制系统结构如图 3-49 所示。

控制器根据功率或转速的输出信号，给定－10～＋10V 的控制电压，控制电压被比例阀控制器转换，得到一定范围的电流信号。控制比例阀输出流量的方向和大小，就可以操纵叶片桨距角在 5°～88°之间变化。

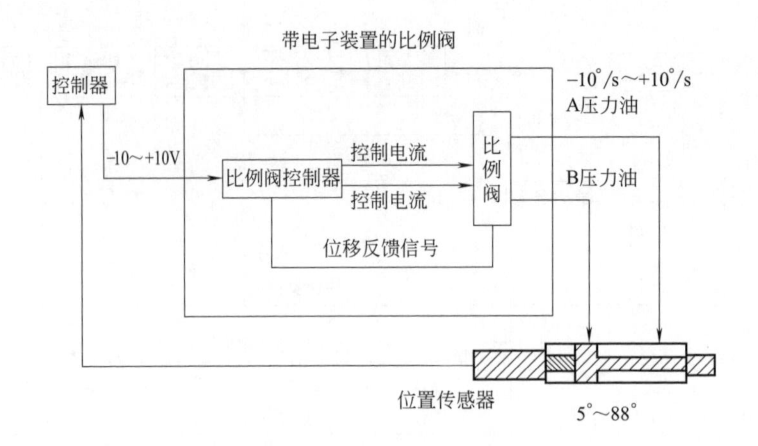

图 3-49 节距控制系统结构

六、变桨检查

每个叶片的桨距角，通过两个桨距位置传感器测量，将每个叶片的所有有效的桨距传感器的平均值用于控制系统。看门狗对每个变桨传感器会进行校正。

通过对所有叶片的实际桨距角持续不断的检查，监控变桨距系统的正常运行，根据叶片的桨距角误差，以及桨距角平均值与桨距角设定值的偏差而得到控制。

叶片的桨距角误差由下式确定：

$$\text{pitch-sync-error}=\max(\varphi_i)-\min(\varphi_i)$$

（同步误差）

偏离桨距角设定值由下式确定：

$$\text{pitch-set-error}=|\text{mean}(\varphi_i-\varphi_{set})|$$

式中 φ_i——叶片 i 桨距角（所有传感器平均值）；

φ_{set}——桨距角设定值。

如果桨距角误差达到以下极限，正常停机程序将被触发。

变桨检查要遵循表 3-1 的极限值。

表 3-1 变桨检查的极限值（误差极限）

条件	启动叶片同步工作	超过极限后的响应
启动桨距控制下的工作状态	|pitch-sync-error_5|>pitch-limit_1 |pitch-sync-error_1|>pitch-limit_2 |pitch-set-error_5|>pitch-limit_3 |pitch-set-error_1|>pitch-limit_4	正常停机

这里所列的所有桨距系统故障是“2 级故障”。

如果只获取了一个叶片的一个桨距信号，并且桨距检查程序发现了一个桨距同步或一个桨距设定异常（如上述），将触发“4 级故障”信号，“桨距传感器程序”会检查剩下的传感器信号是否正常。

七、控制器

控制器的基本目的是调节 $\Delta\omega$ 到零。

如图 3-50 所示，通过转速计测出的风力机速度被反馈与参照速度 ω_{max} 相比，计算出 $\Delta\omega$。控制器的输入量为转速的偏差。根据 $\Delta\omega$，控制器改变叶片桨距角 $\Delta\beta$，新的桨距角即为 $\beta=\Delta\beta+\beta_{ref}$，这个桨距角限制在 0°～25°内，在这一范围内，调节器按新的桨距角调节风力机的叶片节距。

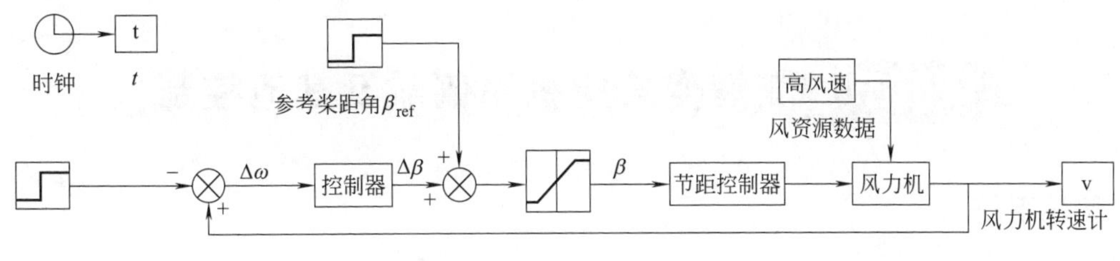

图 3-50　控制器框图

高风速时，为保持发电机输出功率恒定不变，控制系统是调节风电机组的功率系数，将机组的功率输出界定在允许范围内，同时控制发电机的转速随着功率的输入做有效而迅速的响应，从而保证发电机能够在允许的转速范围内持续工作，同时保持传动系统具有良好的柔性。

风轮的功率系数的调节一般采用以下两种方法，或者将两种方法结合起来。

① 控制发电机的电磁转矩来改变发电机的转速，进而改变风轮的叶尖速比，保持功率恒定不变。

② 通过调节叶片桨距角来改变空气的气动转矩。

由图 3-50 可以看到，为限制功率输出，对桨距角进行了限制。当转速高于参考转速时，控制器输出桨距角偏差值 $\Delta\beta$ 与参考桨距角 β_{ref} 比较，由叶片节距控制器调节桨距角，以维持功率的恒定。

控制器可以用 PI 或 PID 调节器。

习　　题

1. 变速变桨距机组的发电机脱网控制，在风电机组进入__________或__________时投入工作；当发电机转速在同步转速__________，发电机将切入电网；当风电机组从待机状态进入运行状态时，变桨距系统先将桨叶桨距角快速地转到__________，风轮在空转状态进入__________，当达到时，桨距角给定值从__________减小到__________。

2. 发电机切入电网后，__________发挥作用，速度控制器受__________和__________的双重控制；如果风速和功率输出一直低于额定值，节距控制将根据风速调整到最佳状态，以优化__________；如果风速高于额定值，发电机转速通过改变__________来跟踪相应的速度给定值。与发电机脱网控制的结构相比，发电机并网控制增加了__________环节。这一特性增加了__________的增益，以便控制桨距角加速趋于__________。

3. 变桨距控制系统的节距控制是由__________来实现的，给定的控制电压范围是__________，可以操纵桨叶桨距角在__________之间变化。

4. 控制器的基本目的是调节 $\Delta\omega$ 到零，通过__________计算出 $\Delta\omega$。控制器可以用__________或__________调节器。

5. 变速变桨距控制过程可分为哪三种情况？

6. 风轮功率系数的调节一般采用什么方法？

7. 试述变速变桨距机组的功率控制。

第五节 变速变桨距机组偏航及其他控制

一、偏航系统

1. 偏航系统分类及功能

风力发电机组的偏航系统一般分为主动偏航系统和被动偏航系统。被动偏航是指依靠风力，通过相关机构完成机组风轮对风动作的偏航方式，常见的有尾舵、侧风轮和自动调向装置三种。主动偏航是指采用电力或液压拖动来完成对风动作的偏航方式，常见的有齿轮驱动和滑动两种形式。

并网型风力发电机组，通常采用主动偏航的齿轮驱动形式。主动偏航系统的功能主要有：正常运行时主动对风；机组扭缆时自动解缆。

2. 偏航系统组成及原理

偏航系统是风力发电机组特有的伺服系统，一般由偏航轴承、偏航驱动装置、偏航制动器、偏航计数器、扭缆保护装置、偏航液压回路等几部分组成。它主要有两个功能：对风和解缆。图 3-51 为偏航自动控制原理图。

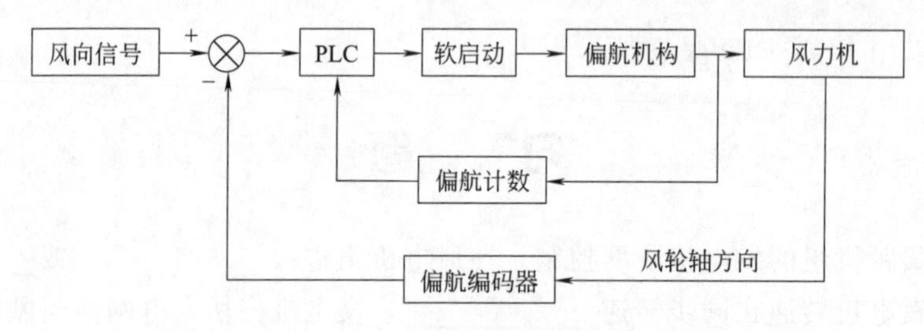

图 3-51 偏航自动控制原理图

(1) 对风

风力发电机组的偏航系统是一个随动系统。机舱顶部的风向仪，将采集到的风向信号传送给机舱控制柜 PLC 的输入输出板，计算出一定时间内的平均风向（跟踪变化稳定的风向，偏航时间达到一定值时，即认为风向已改变），与偏航角度绝对值编码器（风轮轴方向）进行比较。根据比较的结果，输出指令，驱动带失电控制的偏航电机动作，将风轮轴朝正对风的方向调整，并记录当前调整的角度。当角度值较大时，偏航电机转速较快，当角度值较小，也就是风轮轴比较接近于正对风时，要调低偏航电机的转速，使机组缓慢接近风的方向。调整完毕后，偏航电机停止转动，并启动偏航制动。

就偏航控制本身而言，对响应速度和控制精度并没有要求，但在对风过程中风力发电机组是作为一个整体转动的，具有很大的转动惯量，从稳定性考虑，需要设置足够的阻尼。

风力发电机组无论处于运行状态还是待机状态，均能自动对风。

（2）解缆

偏航计数的作用是扭缆保护。

当风电机组由于偏航作用，机舱内引出的电缆发生缠绕时，偏航计数达到或超过预设值，启动解缆动作，将已扭缆的线缆释放回初始状态。

一般来说，在待机状态已调向 720°，或在运行状态已调向 1080°，说明由机舱引入塔架的发电机电缆将处于缠绕状态，这时控制器会报告故障，风电机组停机，并自动进行解缆处理。解缆结束后，故障信号消除，控制器自动复位。

3. 偏航控制

图 3-52 为偏航控制工作过程。

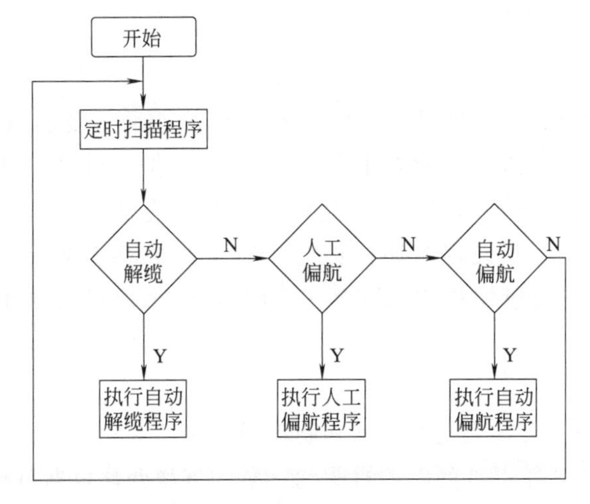

图 3-52 偏航控制工作过程

风电机组偏航控制

自动解缆

（1）自动偏航

当偏航系统接收到中心控制器发出的需要自动偏航的信号后，在连续一段时间内检测风向情况，若风向稳定，同时机舱不处于对风位置（偏离角度大于设定值），则松开偏航制动，启动偏航电机，执行自动偏航对风程序。同时，偏航计数器开始工作，根据机舱所需要偏转的角度，使主轴线方向与风向基本一致。

（2）人工偏航

人工偏航是指在自动偏航失效、人工解缆或者需要维修时，通过人工指令来进行的风力发电机组偏航措施。先检测人工偏航启停信号，若有，再检测此时系统是否正在进行偏航操作。若此时无偏航操作，则封锁自动偏航操作；若此时系统正在进行偏航，则清除自动偏航控制标志。然后读取人工偏航方向信号，判断与上次人工偏航方向是否一致，若一致，则松开偏航制动，控制偏航电机运转，执行人工偏航；若不一致，则停止偏航电机工作，保持偏航制动为松开状态，向相反方向运转并记录转向，直到检测到相应的人工偏航停止信号，停止偏航电机工作，偏航制动器抱闸，清除人工偏航标志。

（3）解缆

由于风向的不确定性，风力发电机组需要经常偏航对风，且偏航的方向也是不确定的。由此，就会引起电缆随机组的转动而扭转。如果机组多次向同一个方向转动，就会造成电缆缠绕、绞死，甚至绞断。自动解缆控制是偏航控制器通过检测偏航角度、偏航时间及偏航计数器，使发生扭转的电缆自动解开的控制过程。不同的风力发电机组，需要解缆时的缠绕圈数各有其规定。当达到规定的解缆圈数时，系统应自动解缆，启动偏航电机向相反方向转动缠绕圈数，将机舱返回电缆无缠绕位置。若因为故障，自动解缆不起作用时，风力发电机组还规定了一个极限圈数，在扭缆达到极限圈数时，扭缆开关动作，报扭缆故障，停机等待人工解缆。

在自动解缆过程中，必须屏蔽自动偏航动作。

自动解缆包括控制系统的凸轮自动解缆和扭缆开关控制的安全链动作报警两部分。

二、液压与制动系统

1. 液压系统

（1）液压系统组成

变桨距机组的液压系统与定桨距机组的液压系统很相似，也是制动系统的执行机构，也由两个压力保持回路组成：一路由蓄能器通过电液比例阀供给叶片变距液压缸，另一路由蓄能器供给机械制动机构。液压系统的两个回路中各装有两个压力传感器，用以控制液压泵站补油、指示回路压力和确定制动机构的状态。图 3-53 是典型的变桨距风力发电机组的液压系统图。由于偏航机构也引入了液压回路，整个液压系统由三个压力保持回路组成。

（2）液压泵站

液压泵站的动力源是液压泵 5，为变距回路和制动器回路所共用。液压泵安装在油箱油面以下，并通过联轴器 6，由油箱上部的电动机驱动。泵的流量变化根据负载而定。

液压泵由压力传感器 12 的信号控制。当泵停止时，系统由蓄能器 16 保持压力。系统的工作压力设定范围为 130～145bar[1]。当压力降至 130bar 以下时，泵启动；在 145bar 时，泵停止。在运行、暂停和停止状态，泵根据压力传感器的信号自动工作。在紧急停机状态，泵将被迅速断路而关闭。

压力油从泵通过高压滤油器 10 和单向阀 11-1 传送到蓄能器 16。滤油器上装有旁通阀和污染指示器，在旁通阀打开前起作用。阀 11-1 在泵停止时阻止回流。紧跟在滤油器外面先后有两个压力表连接器（M1 和 M2），它们用于测量泵的压力或滤油器两端的压力降。测量时，将各测量点的连接器通过软管与连接器 M8 上的压力表 14 接通。溢流阀 13 是防止泵在系统压力超过 145bar 时，继续泵油进入系统的安全阀。在蓄能器 16 因外部加热情况下，溢流阀 13 会限制气压及油压升高。

节流阀 18-1 用于抑制蓄能器预压力，并在系统维修时，释放来自蓄能器 16-1 的压力油。

---

[1] 1bar=10^5Pa

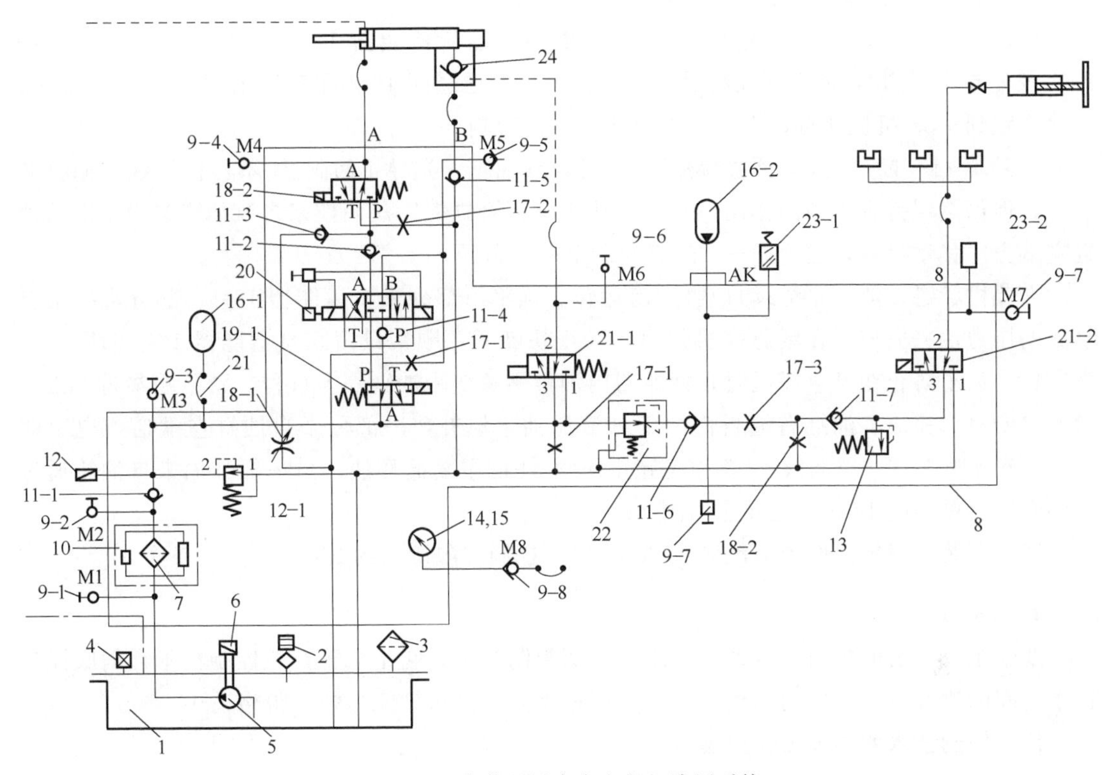

图 3-53 变桨距风力发电机组液压系统

1—油箱；2—油位开关；3—空气滤清器；4—温度传感器；5—液压泵；6—联轴器；7—电动机；8—主模块；9—压力测试口；10—滤油器；11—单向阀；12—压力传感器；13—溢流阀；14—压力表；15—压力表接口；16—蓄能器；17—节流阀；18—可调节流阀；19—电磁阀；20—比例阀；21—电磁阀；22—减压阀；23—压力开关；24—先导止回阀

油箱上装有油位开关 2，以防油溢出或泵在无油情况下运转。

油箱内的油温由装在油池内的 PT100 传感器测得，出线盒装在油箱上部。油温过高时会导致报警，以免在高温下泵的磨损，延长密封的使用寿命。

(3) 液压系统在运转缓停时的工作情况

电磁阀 19-1 和 19-2（紧急顺桨阀，未标示）通电后，使比例阀 20 上的 P 口得到来自泵和蓄能器 16-1 的压力。节距油缸的左端（前端）与比例阀的 A 口相连。

电磁阀 21-1 通电后，使先导管路（虚线）增加压力。先导止回阀 24 装在变距油缸后端，靠先导压力打开，以允许活塞双向自由运动。

把比例阀 20 通电到“直接”(P-A，B-T）时，压力油即通过单向阀 11-2 和电磁阀 19-2 传送 P-A 到缸筒的前端。活塞向右移动，相应的叶片节距向－5°方向调节，油从油缸右端（后端）通过先导止回阀 24 和比例阀（B 口至 T 口）回流到油箱。

把比例阀通电到“跨接”(P-B，A-T）时，压力油通过止回阀传送 P-B 进入油缸后端，活塞向左移动，相应的叶片节距向＋88°方向调节，油从油缸左端（前端）通过电磁阀 19-2 和单向阀 11-3 回流到压力管路。由于右端活塞面积大于左端活塞面积，使活塞右端压力高于左端的压力，从而能使活塞向前移动。

（4）液压系统在停机/紧急停机时的工作情况

停机指令发出后，电磁阀 19-1 和 19-2 断电，油从蓄能器 16-1 通过阀 19-1 和节流阀 17-1 及先导止回阀 24 传送到油缸后端。缸筒的前端通过阀 19-2 和节流阀 17-2 排放到油箱，叶片变距到＋88°机械端点，而不受来自比例阀的影响。

电磁阀 21-1 断电时，先导管路压力油排放到油箱；先导止回阀 24 不再保持在双向打开位置，但仍然保持止回阀的作用，只允许压力油流进缸筒，从而使来自风的变桨力不能从油缸左端方向移动活塞，避免向－5°的方向调节叶片节距。

在停机状态，液压泵继续自动停/启运转。顺桨由部分来自蓄能器 16-1、部分直接来自泵 5 的压力油来完成。在紧急停机位时，泵很快断开，顺桨只由来自蓄能器 16-1 的压力油来完成。为了防止在紧急停机时，蓄能器内油量不够变距油缸一个行程，紧急顺桨将由来自风的自变桨力完成。油缸右端将由两部分液压油来填补：一部分来自油缸左端通过电磁阀 19-2、节流阀 17-2、单向阀 11-5 和先导止回阀 24 的重复循环油；另一部分油来自油箱通过吸油管路及单向阀 11-5 和先导止回阀 24。

紧急顺桨的速度由两个节流阀 17-1 和 17-2 控制并限制到约 9°/s。

2. 比例控制

变桨距风力发电机组液压系统采用了比例控制技术，它是介于开关控制技术和伺服控制技术之间的过渡技术，控制原理简单，控制精度高，抗污染能力强，价格适中。

比例控制技术的基本工作原理

根据输入信号电压值（一般为－9～＋9V）的大小，通过放大器，将该输入电压信号转换成相应的电流信号，如图 3-54 所示。这个电流信号作为输入量被送入比例电磁铁，从而产生和输入信号成比例的输出量——力或位移，该力或位移又作为输入量加给比例阀，后者产生一个与前者成比例的流量或压力。通过这样的转换，一个输入电压信号的变化，就可以控制执行单元和机械设备上工作部件的运动方向，并对其作用力和运动速度进行无级调节，还能对相应的时间过程进行控制，比如在一段时间内，对流量的变化、加速度或减速度的变化等进行调节。

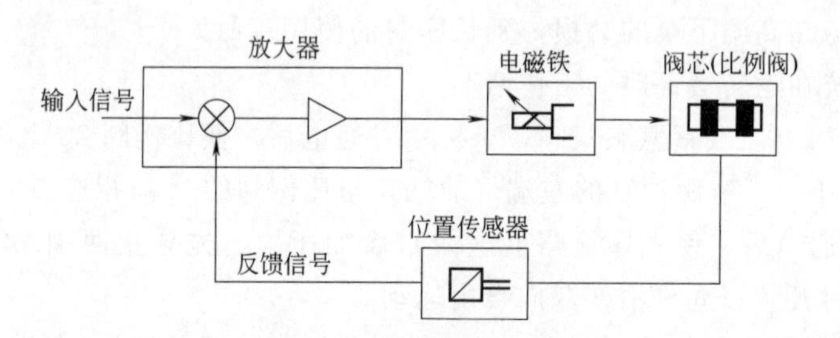

图 3-54　比例控制位置反馈原理

当需要更高的阀性能时，可在阀或者电磁铁上接装一个位置传感器，以提供一个与阀芯位置成比例的电信号。此位置信号阀的控制器提供一个反馈控制，使阀芯可以由一个闭环配置来定位。如图 3-54 所示，一个输入信号供至放大器，放大器产生相应的输出信号去驱动电磁铁。电磁铁推动阀芯，直到来自位置传感器的反馈信号与输入信号相等为止。因此，比例控制技术可以使阀芯在阀体中准确定位，而由摩擦力、液动力或液压力所引起的任何干扰都能被自动纠正。

3. 变桨距控制

液压变桨距控制机构属于电液伺服系统，变桨距液压执行机构是叶片通过机械连杆机构与液压缸相连接，桨距角的变化同液压缸位移基本成正比。

变桨控制系统的节距控制是通过比例阀来实现的。在图 3-55 中，控制器根据功率或转速信号给出一个－10～＋10V 的控制电压，通过比例阀控制器转换成一定范围的电流信号，控制比例阀输出流量的方向和大小。点画线内是带控制放大器的比例阀，设有内部 LVDT 反馈。变距油缸按比例阀输出的方向和流量，操纵叶片节距在－5°～88°之间运动。为了提高整个变距系统的动态性能，在变距油缸上也设有 LVDT 位置传感器。

在比例阀至油箱的回路上装有 1bar 单向阀 11-4。该单向阀确保比例阀 T 口上总是保持 1bar 压力，避免比例阀阻尼室内的阻尼“消失”，导致该阀不稳定而产生振动。

比例阀上的红色 LED（发光二极管）指示 LVDT 故障。LVDT 输出信号是比例阀上滑阀位置的测量值，控制电压和 LVDT 信号相互间的关系，如图 3-55 所示。

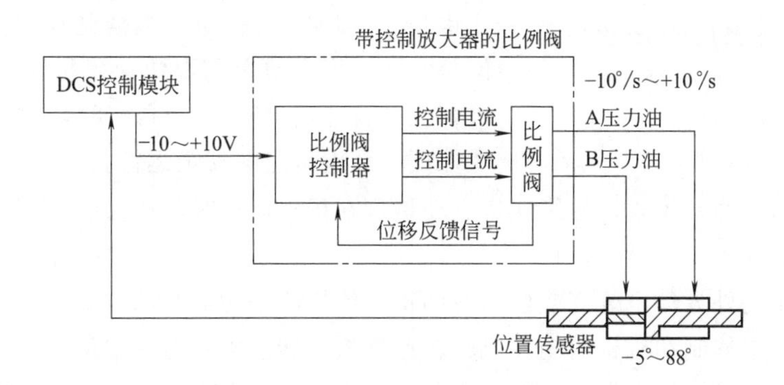

图 3-55 变桨距控制示意图

4. 主轴机械制动控制

继续看图 3-53。

制动系统由泵系统通过减压阀 22 供给压力源。

蓄能器 16-2 是确保能在蓄能器 16-1 或泵没有压力的情况下也能工作。

可调节流阀 18-2 用于抑制蓄能器 16-2 的预充压力，或在维修制动系统时，用于来自释放的油。

压力开关 23-1 是常闭的，当蓄能器 16-2 上的压力降低于 15bar 时打开报警。

压力开关 23-2 用于检查制动压力上升，包括在制动器动作时。

溢流阀 13 防止制动系统在减压阀 22 误动作或在蓄能器 16-2 受外部加热时，压力过高（23bar）。过高的压力即过高的制动转矩，会造成对传动系统的严重损坏。

液压系统在制动器一侧装有球阀，以便螺杆活塞泵在液压系统不能加压时，用于制动风力发电机组。打开球阀，旋上活塞泵，制动卡钳将被加压，节流阀 17-3 阻止回流油向蓄能器 16-2 方向流动。要防止在电磁阀 21-2 通电时加压，这时制动系统的压力油经电磁阀排回油箱，加不上来自螺杆活塞泵的压力。在任何一次使用螺杆泵以后，球阀必须关闭。

（1）运行/暂停/停机

开机指令发出后，电磁阀 21-2 通电，制动卡钳排油到油箱，刹车因此而被释放。暂停期间保持运行时的状态。停机指令发出后，电磁阀 21-2 失电，来自蓄能器 16-2 和减压阀 22

的压力油可通过电磁阀 21-2 的 3 口进入制动器油缸，实现停机时的制动。

(2) 紧急停机

电磁阀 21-2 失电，蓄能器 16-2 将压力油通过电磁阀 21-2 进入制动卡钳油缸。制动油缸的速度由节流阀 17-3 控制。

5. 变桨距机组制动过程

当风电机组发生重大故障、在维修期间或者风速较长时间大于设定风速时，控制系统发出停机指令，制动系统工作，使风电机组及时安全停机，从而维护机组的安全。图 3-56 为主轴液压制动结构图。

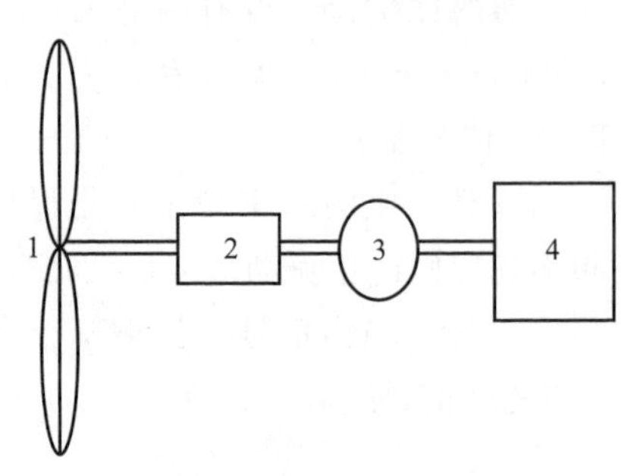

图 3-56 主轴液压制动结构图

1—空气制动机构；2—齿轮箱；3—机械制动机构；4—发电机

制动力矩由液压马达提供。

通常情况下，空气制动（对于变桨距机组，是将叶片顺桨至桨距角为 90°）起主要作用，日常停机中往往也是先采用空气制动，机械制动只是起辅助作用。但是当遇到紧急情况需要快速停机时，机械制动的不可替代性就体现出来了，可以说因为机械制动的存在，才保证了风电机组的安全运行。

机械制动通常为常闭式，始终保持制动机构在机组运行时的压力。

(1) 正常制动

当风电机组的外界环境改变或检修时的正常停机所采用的制动方式。

制动过程：空气制动机构启动，风轮转速降低；转速下降至一定值（对于大中型风电机组一般为 15r/min）时，投入机械制动机构，此时空气制动机构仍保持制动状态，直到风电机组完全停机。

(2) 紧急制动

当风速大于额定风速或是风电机组出现故障时，为保证发电质量和风电机组的安全进行紧急停机所采用的制动方式。

制动过程：空气制动机构和机械制动机构同时投入，以最短的时间使风电机组停机。

三、冷却与加热系统

冷却系统的主要散热部件，有发电机、齿轮箱、发电机变压器和变流器。

齿轮箱、发电机各有一套独立的冷却系统，可以很好地把热量排出到空气中。

在北方地区，冬季温度偏低，风力发电机组无法正常启动运行，因此在发电机、润滑站、液压站、风速仪、风向仪、轮毂内、机舱内等处，均装置了加热器，一般都是电加热器。

通过 3 台冷却风扇和 4 台电加热器，控制发电机线圈温度、轴承温度、滑环室温度在适当的范围内。当发电机温度升高至某设定值后，启动冷却风扇；当温度降低到某设定值时，停止风扇运行；当发电机温度过高或过低并超限后，发出报警信号，并执行安全停机程序。当发电机温度太低至某设定值后，启动加热器；温度升高至某设定值后，停止加热器运行；同时加热器也用于控制发电机的温度端差在合理的范围内。在调试期间无风或者某些特殊情况下，如气温过低，又未安装加热器时，要实施电动机启动。

冬季低温状态时，机组启动必须考虑润滑油液的加热。当油温低于设定值（一般是－10℃）时，可通过加热器将油温升到10℃以上；当油温低于－10～－30℃时，由于润滑油黏度太大，应采用专用的低温旁路加热系统加热油液（低温旁路加热系统由用户自备，箱体上预留有安装接口，该接口与旁路过滤装置接口共用）。当温度高于设定值时，停止加热器；当温度过高于某设定值时，启动润滑油冷却器，当温度降低到设定值时，停止润滑油冷却器。

液压系统清洗时要接通加热装置，将油加热到50～60℃进行清洗。

风向仪和风速仪安装在同一个支架上。为了防止结冰，风向仪和风速仪均带有加热装置，能够根据环境温度适度地自动加热。

轮毂内部、机舱内部和塔底控制柜上均安装有冷却风扇和加热装置，根据温度检测，自动实现轮毂内部、机舱内部和塔底控制柜的环境温度控制，使机组更加可靠地运行。

四、润滑系统

风力发电机组的润滑系统主要有稀油润滑（或称矿物油润滑）和干油润滑（或称润滑脂润滑）两种方式。机组的齿轮箱和偏航减速齿轮箱采用的是稀油润滑方式，干油润滑部件有发电机轴承、偏航轴承、偏航齿轮等。

当润滑站油池温度在0～35℃之间时，润滑油泵在低转速运转；温度超过35℃，润滑油泵在高转速运行。如果齿轮箱在极端低温下启动运转，必须遵循特殊的启动程序和加热程序。

当齿轮箱润滑油压力低于设定值时，启动齿轮润滑油泵；当压力高于设定值时，停止齿轮润滑油泵。当压力越限后，发出警报，并执行停机程序。

在润滑系统正常工作情况下，经过过滤器之后，油压应该在1～3bar之间（油温50℃时），如果油压不在此范围之内，则不允许使用齿轮箱，机组会停机待检。

齿轮箱等部件长时间运行后，箱体内部润滑油会被逐渐污染，底部沉淀颗粒状污染物，导致润滑系统的过滤器滤芯堵塞，压差传感器会发出报警信号，此时需要停机，更换滤芯再重新启动机组。

习　　题

1. 偏航系统的主要功能是____________和____________；当偏航角度差值较大时，偏航电机转速____________；偏航计数的作用是____________，在待机状态已调向____________，或在运行状态已调向____________，说明由机舱引入塔架的发电机电缆将处于缠绕状态。

2. 偏航系统一般由____________、____________、____________、____________、____________、____________等几部分组成。

3. 变桨距风力发电机组液压系统采用了____________控制技术，它是介于____________控制技术和____________控制技术之间的过渡技术。

4. 冷却系统的主要散热部件有____________、____________、____________和____________。在北方地区，在风力发电机组的____________、____________、

__________、__________、__________、__________等处，均装置了加热器，一般都是__________加热器。

5. 风力发电机组的__________和__________采用的是稀油润滑方式，干油润滑部件有__________、__________、__________等。

6. 当润滑站油池温度在__________℃之间时，润滑油泵在低转速运转；温度超过__________℃，润滑油泵在高转速运行。润滑系统正常工作情况下，经过过滤器之后，油压应该在__________ bar之间（油温50℃时）。

7. 什么是主动偏航、自动偏航、人工偏航？

8. 简述偏航系统工作原理。

9. 简述液压系统比例控制的特点和基本工作原理。

10. 简述变桨距机组的制动过程。

第六节 安全保护系统

一、安全保护系统概述

控制系统是风力发电机组的核心部分，是机组安全运行的根本保证，控制系统的安全性和可靠性非常重要。风力发电机组运行的安全保护主要有以下几方面。

（1）大风安全保护

一般风速达到25m/s即为停机风速，机组必须按照安全程序停机。

（2）参数超限保护

根据不同情况，各种采集、监控的量一般都设有上、下限，当数据达到和超过限定值时，控制系统根据设定好的程序进行自动处理。

（3）过压过流保护

当元器件遭受瞬间高压冲击和电流过流时所进行的保护。通常采用隔离、限压、高压瞬态吸收元件、过流保护器等。

（4）振动保护

机组一般设有三级振动频率保护：振动球开关、振动频率上限1和振动频率上限2。当开关动作时，控制系统分级进行处理。

（5）开关机保护

机组的开机需设计为正常顺序控制，确保机组安全。在小风、大风、故障发生时，控制机组按顺序停机。

（6）电网掉电保护

风力发电机组离开电网的支持是无法工作的。一旦有突发故障而停电时，控制器的计算机由于失电会立即终止运行，并失去对机组的控制，执行紧急停机，在极短的时间内使主轴的转动完全停下来。紧急停机对机组会产生强烈的冲击，影响机组的寿命。机组一般都会带有在线UPS，以备在突然掉电时为机组控制系统提供电力，按照程序完成停机过程，并及时存储机组停机前的各项状态参数。

电网故障不同于电网掉电，无须紧急停机。

（7）紧急停机安全链保护

安全链是独立于计算机系统的硬件保护措施，即使控制系统发生异常，也不会影响安全链的正常动作。安全链是将可能对风力发电机组造成致命伤害的超常故障串联成一个回路，其中任何一个环节断开，都会使安全链动作而引起的紧急停机。

（8）控制器抗干扰保护

控制系统的主要干扰源有：

① 工业干扰　如高压交流电场、静电场、电弧、晶闸管等；

② 自然界干扰　如雷电冲击、各种静电放电、磁暴等；

③ 高频干扰　如微博通信、无线电信号、雷达等。

这些干扰通过直接辐射，或由某些电气回路传导进入的方式，进入控制系统，干扰控制系统工作的稳定性。从干扰的种类来看，可分为交变脉冲干扰和单脉冲干扰两种，它们都是以电或磁的形式干扰控制系统。

（9）接地和防雷保护

良好的接地能够确保控制系统免受不必要的损害。在整个控制系统中，通常采用工作接地、保护接地、防雷接地、防静电接地、屏蔽接地几种方式。

接地保护原理

接地的主要作用一方面是保证电气设备安全运行，另一方面是防止设备绝缘被破坏时可能带电，危及人身安全，同时能够使保护装置迅速切断故障回路，防止故障扩大。

风电机组的防雷保护系统

风电机组的防雷保护系统，由外部防雷保护系统和内部防雷保护系统组成。外部防雷保护系统由接闪器、避雷针、雷电传导系统和接地系统构成，其作用是准确地截获雷闪，通过下引线或金属网，安全、快速、通畅地将雷电流传导进入接地系统，将雷电流泄放到大地。内部防雷系统的作用，是减小和防止雷电流在需要防护的空间内产生电磁效应，一般采用等地电位连接、电涌保护、屏蔽和隔离保护等措施。

二、安全链

1. 安全链功能

安全链采用反逻辑设计，将可能对风力发电机造成致命伤害的超常故障串联成一个回路：紧急停机按钮（塔底主控制柜）、振动开关、PLC 过速信号、到变桨系统的安全链信号、总线 OK 信号。一旦其中一个节点动作，将引起整条回路断电，机组进入紧急停机过程，并使主控制系统和变流系统处于闭锁状态。如果故障节点得不到恢复，整个机组的正常运行操作都不能实现。同时，安全链也是整个机组的最后一道保护，它处于机组的软件保护之后。发生下列故障时将触发安全链：风轮超速、机组部件损坏、机组振动、扭缆、电源失电、紧急停机按钮动作、发电机过转速、控制计算机发生死机等。图 3-57 是一个安全链组成的例子。

安全链引起的紧急停机，只能通过手动复位才能重新启动。

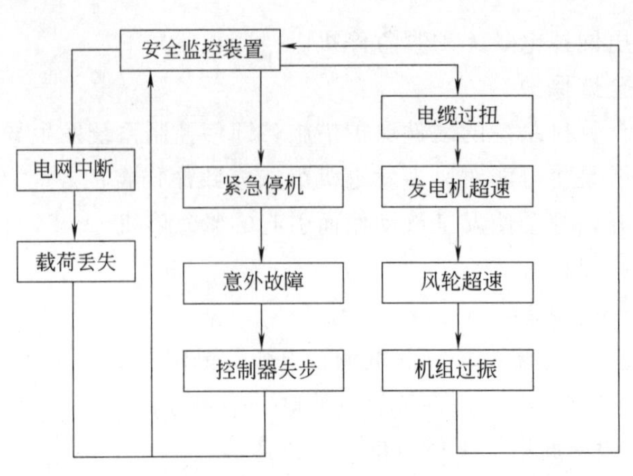

图 3-57 安全链组成

2. 机组安全链的结构

机组安全链的结构如图 3-58 所示。

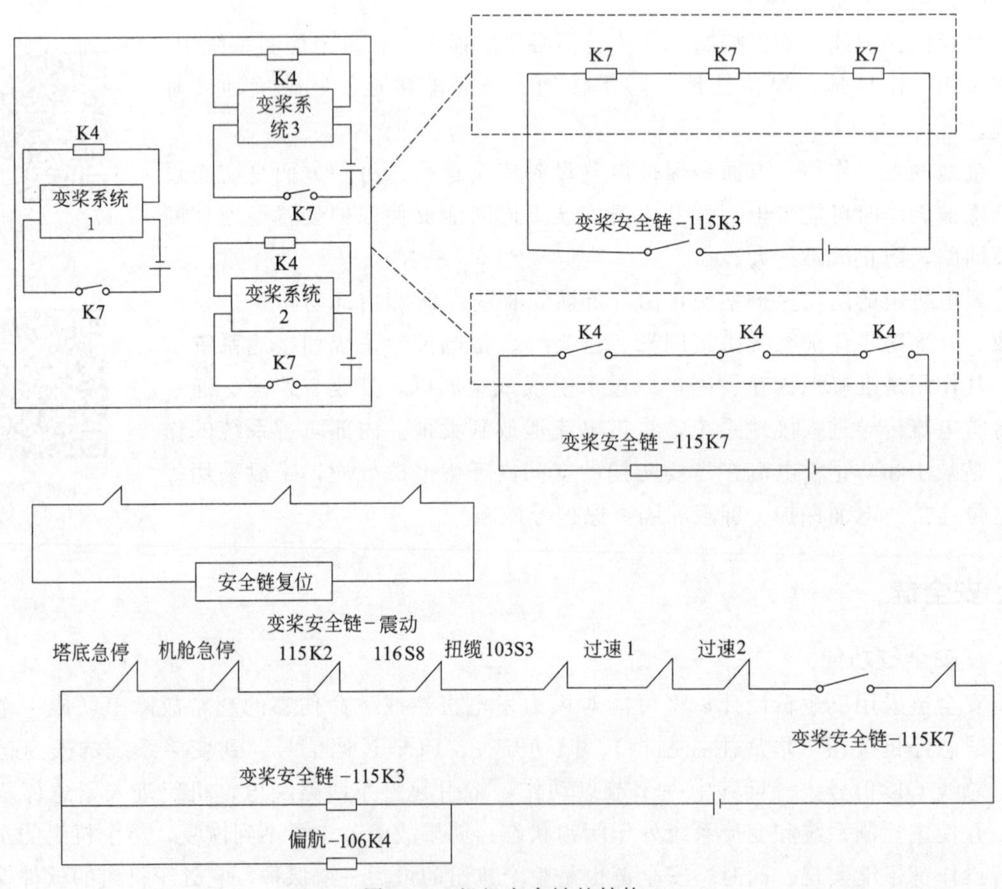

图 3-58 机组安全链的结构

从图 3-58 可以看出，变桨系统通过每个变桨柜中的 K4 继电器的触点来影响主控系统的安全链，而主控系统的安全链是通过每个变桨柜中的 K7 继电器的线圈来影响变桨系统。变桨的安全链与主控的安全链互相独立而又互相影响。当主控系统的安全链上一个节点动作断开时，安全链到变桨的继电器-115K3 线圈失电，其触点断开，每个变桨柜中的 K7 继电器的线圈失电触点断开，变桨系统进入紧急停机的模式，迅速向90°顺桨。当变桨系统出现故障（如变桨变频器OK信号丢失、90°限位开关动作等）时，变桨系统切断K4继电器上的电源，K4继电器的触点断开，使来自变桨安全链的继电器-115K7线圈失电，其触点断开，主控系统的整个安全链也断开。同时，安全链到变桨的继电器-115K3线圈失电，其触点断开，每个变桨柜中的K7继电器的线圈失电触点断开，变桨系统中没有出现故障的叶片的控制系统进入紧急停机的模式，迅速向90°顺桨。这样的设计使安全链环环相扣，能最大限度地对机组起到保护作用。

在实际的接线上，安全链上的各个节点并不是真正地串联在一起的，而是通过安全链模块中“与”的关系联系在一起的（图3-59）。每个输入在逻辑上都是高电平1，几个信号相“与”之后，其输出也必然都是高电平1，但是只要有一个输出信号变成低电平0，其输出也必然是低电平0。逻辑上的输出实际上是通过安全链的输出模块来控制的。输入时由实际的开关触点和程序中的布尔变量共同实现。实际的开关触点的开关状态由安全链模块的输入模块进行采集。程序中的布尔变量是按程序进行控制的。

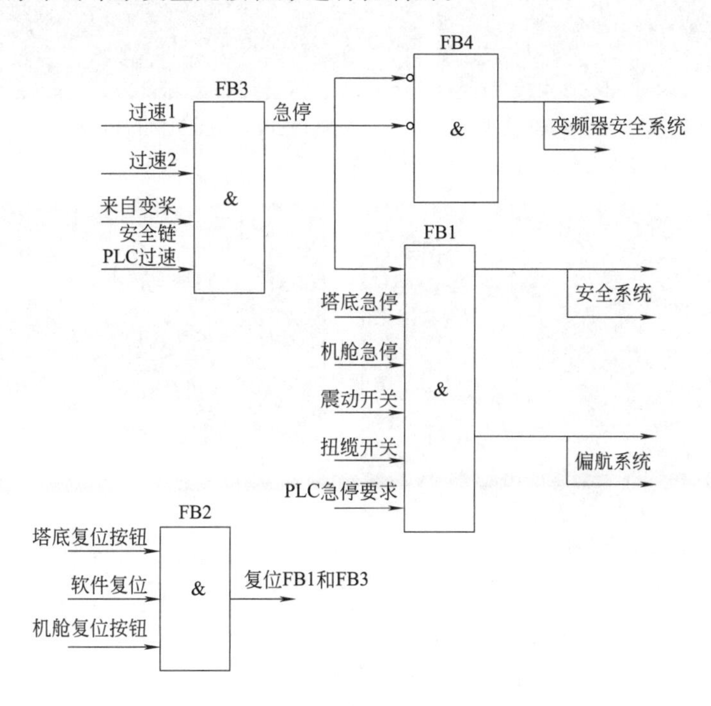

图3-59 机组安全系统逻辑结构

三、防雷保护

1. 雷击的危害

风电机组的防雷问题，可以理解为有许多高度超过100m的高大建筑物位于荒郊野地，很容易遭受雷击。随着我国风电场建设速度的不断加快，规模不断扩大以及风电机组的日益大型化，风电机组的雷害也日益显露。雷击现象如图3-60所示。

在风力发电机组的20年寿命期内，遭遇雷电直击的可能性很大，而其中叶片的防雷问题尤其重要。直接雷击可以使叶片遭到比较严重的损毁，且遭到损毁的叶片不易修复，见图3-61。

向下的闪击:易发生于暴露的物体　　向上的闪击:对建筑物破坏较大

图 3-60　雷击现象

雷电直接击中叶片　　叶片遭受雷击

图 3-61　叶片遭受雷击损害

雷击电流与感应电流的模拟波形如图 3-62 所示。

雷电电磁脉冲（雷电感应过电压）等间接雷击，可以使发电机、变压器、变流器等电气设备和控制、通信、SCADA 等电子系统遭受灾难性损坏，也有极个别的轮毂、齿轮箱、液压系统、偏航系统和传动系统及机械制动器等受雷击损坏的报道。其中控制系统、传感器、通信、SCADA 等弱电部件遭受雷害的概率较大，这是因为这些弱电器件的耐过电压和过电流的能力较弱，雷电电磁脉冲会使其损坏。风电机组受雷击损坏不同部位所占份额见图 3-63。

2. 防雷保护的原理和方法

风力发电机组的防雷保护系统，由外部防雷保护系统和内部防雷保护系统组成。

（1）外部防雷保护系统

外部防雷保护系统由接闪器、雷电传导系统和接地系统构成。采用避雷针、避雷线等作为接闪器，安装在靠近叶尖的部位（也可在机舱的首位端加装避雷针），其作用是准确地截获雷闪，接入雷击电流，如图 3-64 所示。

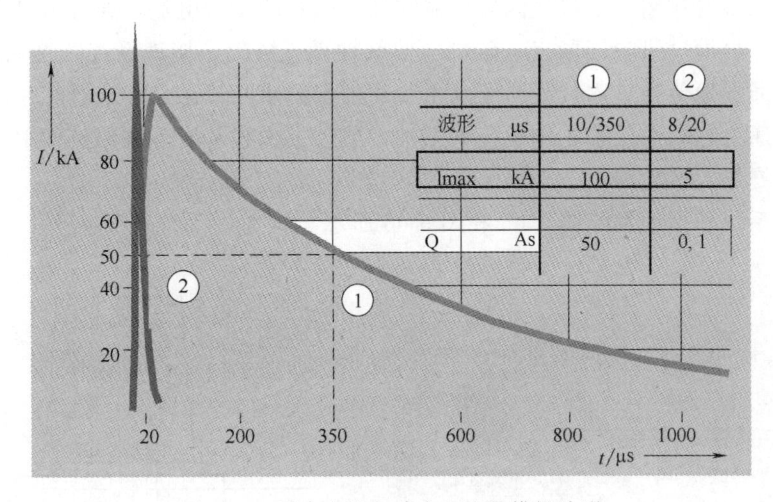

图 3-62 雷击电流与感应电流的模拟波形

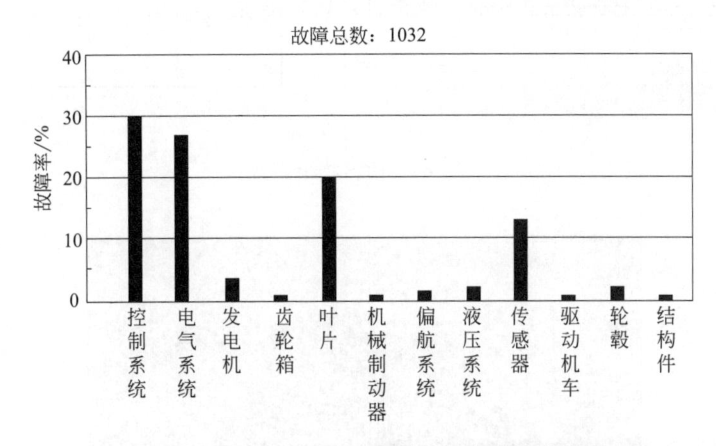

图 3-63 风电机组受雷击损坏不同部位所占份额

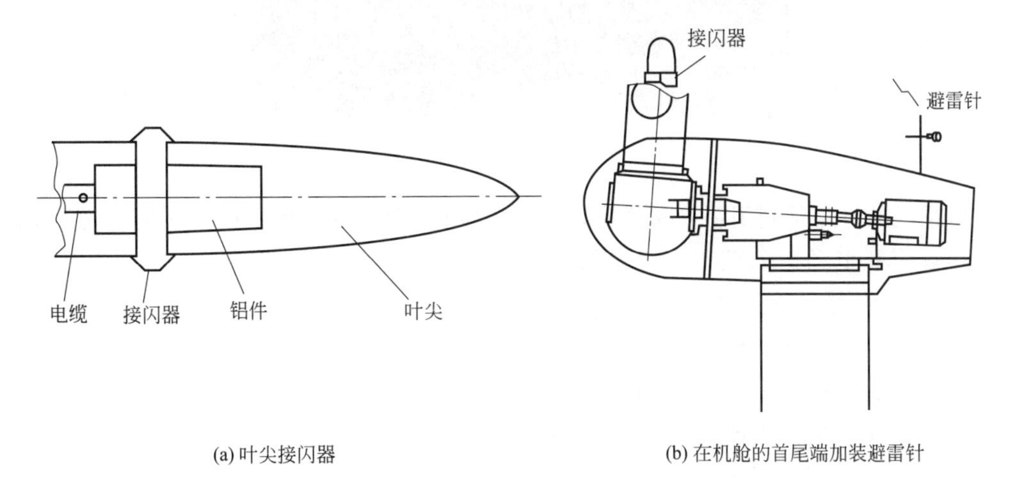

图 3-64 接闪器和避雷针

雷电传导系统的作用，是将接闪器（避雷针）截获的雷击电流，通过雷电下引线或金属网传导至叶根，再沿“风轮锁紧盘—碳刷—偏航轴承—塔架—接地系统”这条低阻抗路径，安全、快速、通畅地传导进入接地系统（由叶片根部传给叶片法兰，通过叶片法兰和变桨轴承传到轮毂，通过轮毂法兰和主轴承传到主轴，通过主轴和基座传到偏航轴承，通过偏航轴承和塔架，最终导入接地网）。

防雷接地系统和接地网如图 3-65 和图 3-66 所示。

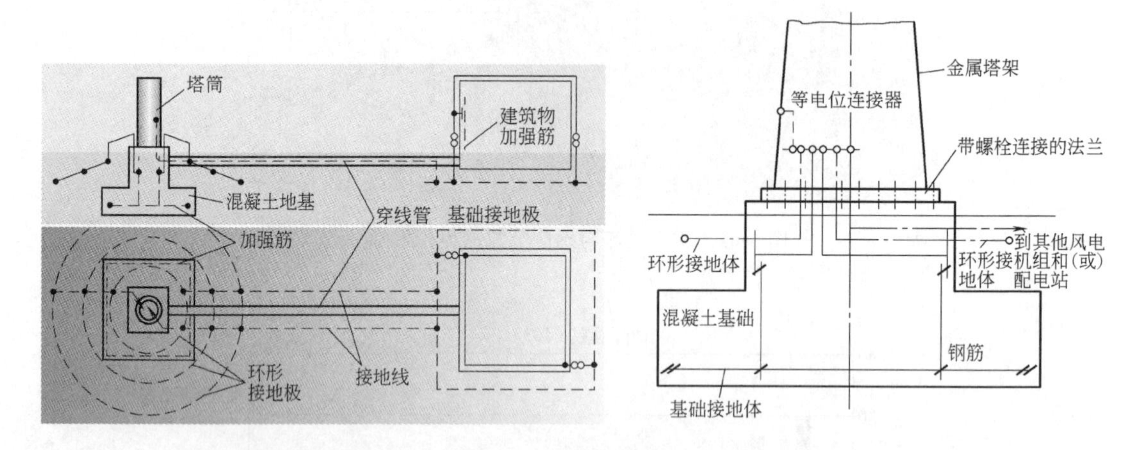

图 3-65 防雷接地系统

图 3-66 接地网

接地系统的作用是利用塔筒和接地装置，将雷电流泄放到大地。要求接地系统不能产生危险的热效应和电动力效应。多台机组的接地进行互连，单台机组的接地工频电阻不大于 4Ω。

（2）内部防雷保护系统

内部防雷系统的作用，是减小和防止雷电流在需要防护的空间内产生电磁效应，一般采用等地电位连接、电涌保护、屏蔽和隔离保护等措施。

① 等地电位连接 将控制系统所有导电部件均相互连接成等地电位，以减小电位差；将机舱控制系统内的金属设备连接处进行等地电位连接；机舱底座为钢结构件，通过连接母线与接地装置连接；塔架底部的开关柜也连接到等地电位。

② 电涌保护　在电气系统的690V、400V、220V回路侧，并联或串联电涌保护器（图3-67），主电涌保护器的峰值电流处理能力不小于180kA，每相还应具有多个独立熔断器作为后备保护。

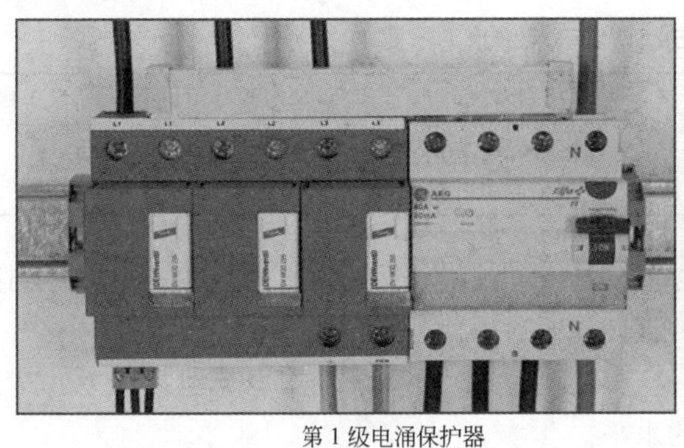

第1级电涌保护器

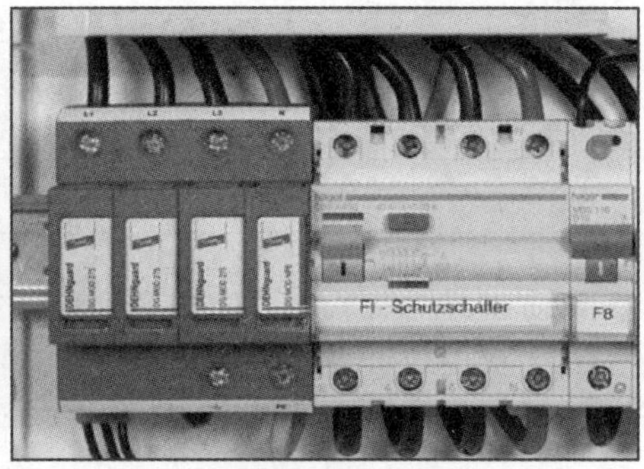

第2级电涌保护器

图3-67　电涌保护器

③ 屏蔽系统　对容易受到雷电感应过电压损害的控制系统，屏蔽装置可以减小电磁干扰。包括塔底和机舱不同设备间的控制线缆，外部有金属屏蔽层，线缆屏蔽的两端均做等地电位连接；塔底和机舱通信线采用光纤形式；控制柜体采用薄钢板制成；从机舱外进入机舱内的风速、风向等信号线，采用带屏蔽层的导线；控制电源采用隔离变压器进行隔离；各传感器输入输出端口采用光隔或压敏电阻进行隔离抗干扰保护等。

3. 防雷保护区域

防雷分区是为了降低电磁场感应干扰到某个指定值。大型风力发电机组根据相应标准，并充分考虑雷电的特点，将风力发电系统的内外部分为多个电磁兼容性防雷保护区。其中，在叶片、机舱、塔身和主控室内外，可以分为LPZ0A、LPZ0B、LPZ1和LPZ2四个区。

① LPZ0A　完全暴露的防护区，承受全部雷击电流和全部雷击磁场。

② LPZ0B　无直接雷击，承受局部雷击电流或感应电流，以及全部雷击磁场。

③ LPZ1　无直接雷击，雷击磁场得到初步衰减。

④ LPZ2　电磁场进一步减弱的后续防雷区。

防雷保护区划分示意图如图3-68所示。

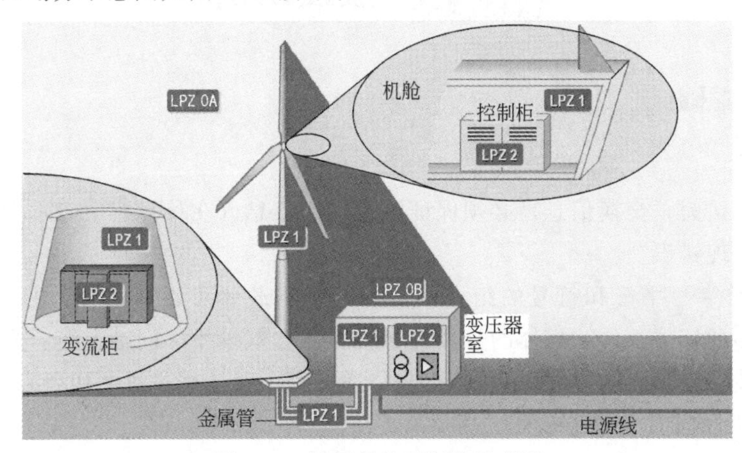

图3-68　防雷保护区划分示意图

防雷分区在IEC标准上有严格的定义，防护区分界面处的要求取决于后级防护区内设备的耐受水平。被保护设备的线路可以经过一个防护区，也有可能为两个。

B、C、D三级防雷器（SPD）保护水平的要求见表3-2。

表3-2 B、C、D三级防雷器保护水平的要求

防雷器	保护水平	防雷器安装等级	防雷器	保护水平	防雷器安装等级
B级电源防雷器	<6kV	Ⅰ	C级电源防雷器	<2.5kV	Ⅱ
B级信号防雷器	<4kV	Ⅰ	D级电源防雷器	<1.5kV	Ⅲ

B级防雷器一般采用具有较大通电流的防雷器，可以将较大的雷电流泄放入地，达到限流的目的，同时将危险过电压减小到一定的程度。

C、D级防雷采用具有较低残压的防雷器，可以将线路中剩余的雷电流泄放入地，达到限压的效果，使过电压减小到设备能承受的水平。

习　题

1.风力发电机组运行的安全保护主要有________、________、________、________、________、________、________、________、________。

2.安全链引起的________，只能通过________复位才能重新启动。

3.在风力发电机组的________年寿命期内，________的防雷问题尤其重要。

4.风力发电机组的防雷保护系统由________和________系统组成。

5.风力发电机组外部防雷保护系统由________、________和________构成；内部防雷保护系统的作用是________，一般采用________、________、________和________等措施。

6.安全链的作用是什么？

7.风力发电机组的防雷保护区如何划分？

第七节　监控系统

一、数据通信基础

1.基本概念

通信的目的是为了交换信息，必须保证被传输的信息（在计算机中表示为二进制码）在传输过程中不出现错误。

① 信息　数字、字母和符号的组合。信息的基本载体可以有语音、音乐、图形图像、文字和数据等多种媒体。传输媒体的介质有有线媒体（双绞线、同轴电缆、光纤等）和无线媒体（无线电波、微波、红外线等）。信息在传递过程中通常用二进制代码表示。

② 数据　被传输的二进制代码。

③ 信号　数据在传输过程中的表示形式，有模拟信号［图3-69(a)］和数字信号［图3-

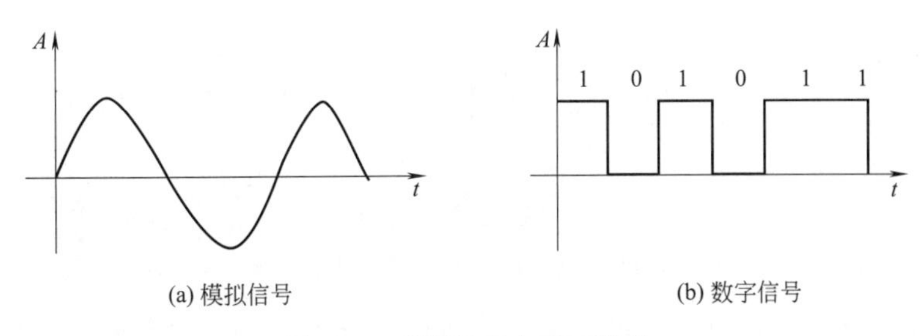

图 3-69 模拟信号与数字信号

69(b)］两种。

④ 信源 产生和发送信号的一端。

⑤ 信宿 接收信息的一端。信源与信宿通过通信线路（亦即两节点之间的连线，称链路）。

⑥ 信道 两地之间传输数据信号的通路，亦即信号的传输通道，包括传输媒体和通信设备。信道分物理信道和逻辑信道。物理信道是指用来传送信号或数据的物理通路，由传输介质和有关通信设备组成。在物理信道的基础上，在节点内部可实现其他连接，通常把这些“连接”称为逻辑信道。同一物理信道上可以提供多条逻辑信道，而每一逻辑信道上只允许一路信号通过。

⑦ 通路 从信源到信宿的一串节点和通信连线。

网络节点分转节点和访问节点。转节点是支持网络连接性能的节点，它通过通信线路来转接和传递信息。访问节点是信息交换的源节点和目标节点，起到信源和信宿的作用。

2. 基本结构

数据通信系统是指以计算机为中心，用通信线路连接分布在远地的数据终端设备而完成数据通信的系统。在实际的系统中，噪声是不可避免会或多或少存在的，因此要会使用一些抗干扰、差错检测和控制的方法，以及调制、编码、复用等通信技术。

（1）模拟通信系统

模拟通信系统传输模拟信号，通常由信源、调制器、信道、解调器、信宿以及噪声源组成，如图 3-70 所示。其工作原理是将信源所产生的原始信号，经过调制后再通过信道传输，到达信宿后，再通过解调器将信号解调出来，如普通的电话、广播、电视等。

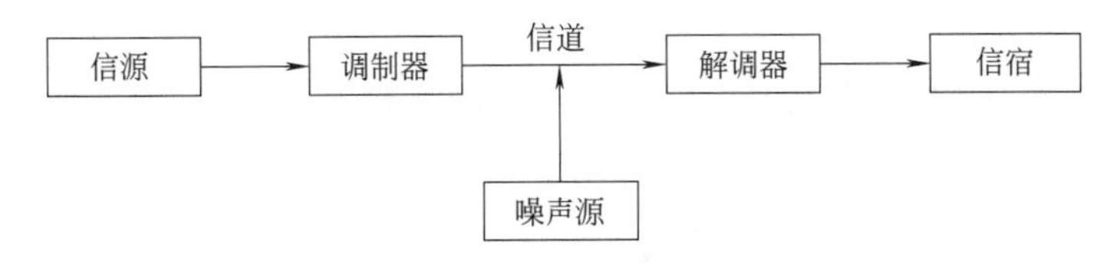

图 3-70 模拟通信系统框图

（2）数字通信系统

数字通信系统传输数字信号，通常由信源、信源编码器、信道编码器、调制器、信道、解调器、信道译码器、信源译码器、信宿以及噪声源组成，如图 3-71 所示，如计算机通信、数字电话、数字电视等。

在数字通信系统中，如果信源发出的是模拟信号，则要经过信源编码器对模拟信号进行

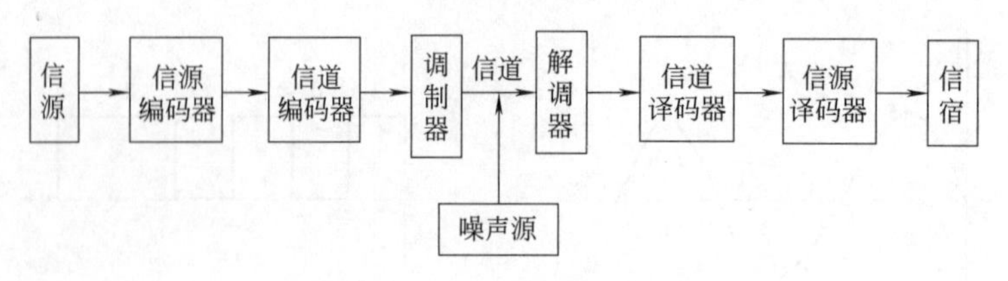

图 3-71 数字通信系统框图

调制编码，使其成为数字信号；如果信源发出的是数字信号，则进行数字编码。

信源编码有两个作用：实现数/模转换和降低信号的误码率。信源译码则是其逆过程。

信道编码是为了能够自动检测出错误或者纠正错误而采取的检错编码或纠错编码。信道译码则是其逆过程。

从信道编码器输出的无论是数字信号还是基带信号，除了能够近距离直接传输外，通常为了与采用的信道相匹配，要将信号经过调制变换成频带信号再传输，这就是调制器的任务。解调器是其逆过程。

3. 技术指标

（1）数据通信速率

传输速率为数据在信道中传输的速度，分为码元速率 R_B（即波特率，波特/秒，Baud/s）和信息速率 R_b（即比特率，比特/秒，bit/s 或 bps）。

$$R_b = R_B \log_2 M \qquad (M\ \text{为采用的进制})$$

（2）误码率和误比特率

误码率 P_e，指码元在传输过程中，错误码占总传输码的比率（多进制系统中）。

误比特率 P_b，指在信息传输过程中，错误的比特数占总传输的比特数的比率（二进制系统中）。

$$P_e = \text{传输出错的码元数} \div \text{传输的总码元数} \times 100\%$$

$$P_b = \text{传输出错的比特数} \div \text{传输的比特数} \times 100\%$$

（3）信道带宽与信道容量

信道带宽是指信道中传输的信号在不失真的情况下所占用的频率范围，亦即信道频带，用赫兹（Hz）表示。它是由信道的物理特性所决定的。

信道容量是指单位时间内信道上所能传输的最大比特数，用比特/秒（bit/s 或 bps）表示。

在理想通信信道中传输的脉冲信号，其最大数据传输率 R_{max} 与信道带宽 B(或 f）的关系为：

$$R_{max} = 2f(\text{bps})$$

时延（Delay）：一个报文或分组从一个网络（或一条链路）的一端传送到另一端所需的时间。它由传播时延、发送时延、排队时延组成：

总时延(传输时延)＝传播时延＋发送时延＋排队时延

4. 数据传输

（1）并行通信

并行通信是指数字信号以成组的方式在多个并行通道上同时进行传输，如图 3-72(a)

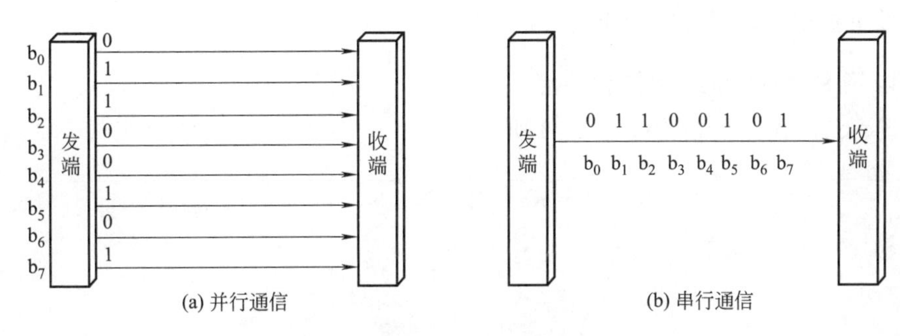

图 3-72 数据传输方式

所示。

优点：传输速度快，收发双方不存在字符同步问题。

缺点：由于采用多条并行线路，增加了费用，并行线路之间存在电平干扰。

适用范围：近距离和高速率的通信（计算机内的主要传输方式）。

（2）串行通信

串行通信是指数据以比特流的方式逐位在一条信道上传输，如图 3-72(b) 所示。

优点：费用低（只用一条线路）。

缺点：传输效率低（为并行通信速率的 1/8），收发双方要保证同步。

适用范围：计算机之间通信和远程通信（通信线路的主要传输方式）。

二、SCADA 系统

1. 系统构成

SCADA（Supervisory Control And Data Acquisition）即数据采集与监控系统，是以计算机为基础的 DCS（分布式控制系统，Distributed Control System）与电力自动化监控系统，一般分为设备层、间隔层、管理层，包括若干个子系统。在各个子系统及各个层间，必须通过内部数据通信，实现各子系统内部和各层之间的信息交换和共享。

在电力系统中，SCADA 系统应用最为广泛，技术发展也最为成熟。电力 SCADA 系统的通信网络主要分为以下几个层次。

（1）基于 RS-422 或 RS-485 接口组成的网络

在 1000m 内传输速率可达 100Kbps，短距离速率可达 10Mbps。RS-422 串口为全双工，RS-485 串口为半双工，媒介访问方式为主从问答式，属总线结构。

（2）采用 CAN 或 LonWorks 网络（标准现场总线）

均为中速网络，LonWorks 网 500m 时网传速率可达 1Mbps，CAN 网在小于 40m 时达 1Mbps。CAN 网在节点出错时可自动切除与总线的联系，LonWorks 网在监测网络节点异常时可使该节点自动脱网。就媒介访问方式来说，CAN 网为问答式，LonWorks 网为载波监听多路访问/重装检测方式，内部通信遵循 Lontalk 协议。

SCADA系统的实际应用

（3）Ethernet 网或 ProProfibus 网

Ethernet 网为总线拓扑结构，采用 CSMA/CD 介质访问方式，传输速率高达 10Mbps，可容纳 1024 个节点，距离可达 2.5km。Profibus 网是由西门子公司最早提出的，现已广泛应用于工业领域。

2. 风电场 SCADA 系统结构和特点

风电场 SCADA 系统结构如图 3-73 所示。

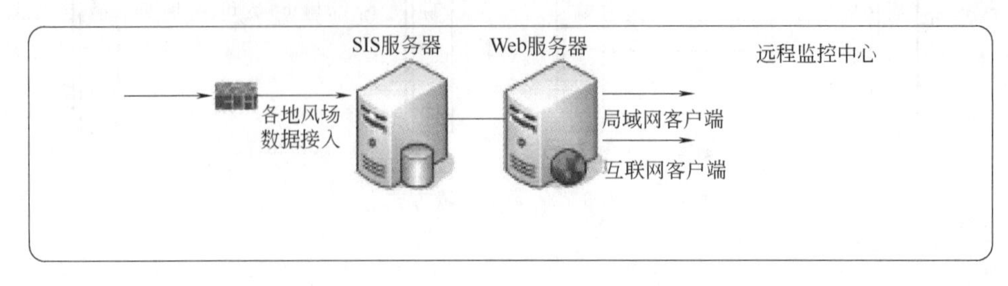

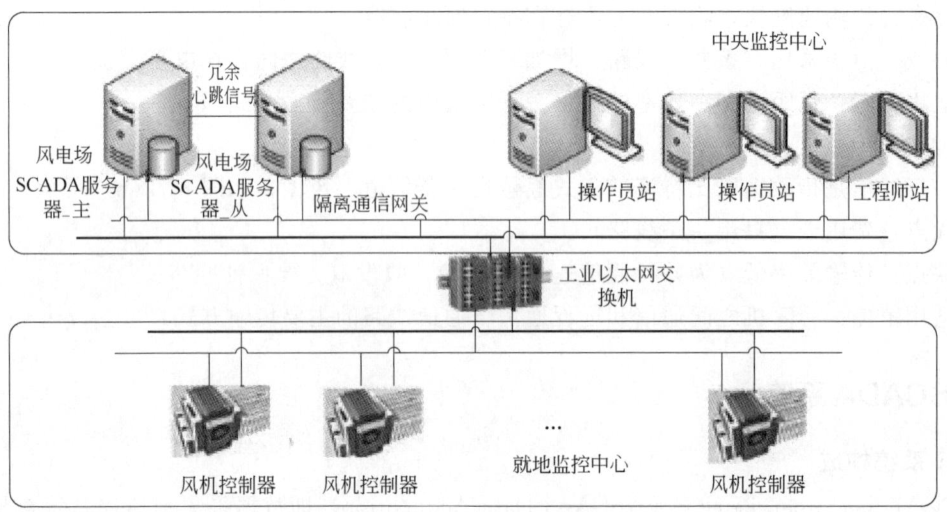

图 3-73 SCADA 系统网络拓扑图

整个监控网络可以分为三个层次。

① 就地监控中心 布置在每台风力发电机塔筒的控制柜内。每台风力发电机的就地控制，能够对此台风力发电机的运行状态进行监控，并对其产生的数据进行采集。

② 中央监控中心 一般布置在风电场控制室内。工作人员能够根据画面的切换，随时控制和了解风电场同一型号风力发电机的运行和操作。

③ 远程监控中心 根据需要布置在不同地点的远程控制。远程控制目前一般通过光纤或无线网络等通信方式，访问中控室主机进行控制。

风电场 SCADA 系统特点：

① 完全独立的第三方软件，操作具有透明和可追踪的特点；

② 独立的风力发电机组、电网和气象站远程通信接口单元；

③ 可实现远程访问及控制；

④ 可根据风力发电机组制造商、风电场开发人员、运行人员和投资者的需要，进行扩展定制，以满足不同层面的要求；

⑤ 统一的图形接口、报告格式和数据库结构；

⑥ 自动生成的风电场功率曲线，可验证实际的发电量及收益是否达到了期望值；

⑦ 气象站接口单元，用于独立的风速和气象参数监视和分析；

⑧ 电网和子站接口单元，用于整个风电场电气系统的监控。

三、数据采集

1. 采集数据

数据采集系统采集的数据至少包括以下信号。

（1）电量信号

① 电压、电流 测量信号范围宽，要求有较好的线性度；测量信号谐波丰富，频谱特性复杂；电压、电流信号为矢量信号，暂态反应速度应低于0.02s，精度高于0.5级。

② 功率因数 影响机组发电量计量和补偿电容投入容量，要求精度较高。

③ 电网频率 一般在工频附近，精度要求±0.1Hz，反应速度快。

（2）机组状态参数

① 温度数据信号 器件热容量较大，温度变化较慢，一般采用PT100铂电阻对温度进行采样，采样信号经电路处理后形成0～5V电压。根据采样点空间布置和距离数据处理中心位置，用采集模块就地将温度值转化为数字信号，采用RS-485通信方式把数据送给计算机。

② 转速信号 根据现场空间布置，采用霍尔元件将转速信号转换为窄脉冲。低速轴（叶轮主轴）转速与高速轴（发电机转子轴）转速之间有固定的关系，可相互校验。

（3）风力信号

① 风向 由风向标实现风向测量。风向瞬时波动频繁，幅度不大。

② 风速 由风速仪实现风速测量。风速仪送出的信号为频率值，经光耦合器隔离后送至频率数字化模块，模块采用RS-485通信方式把数据送给计算机，计算机再把频率信号经平均后转化为风速值。

2. 采集系统结构

考虑到信号的特征和分布的位置，数据流量一般做如下分配：电压、电流采用DMA方式，在主控机内进行转换；温度参数集中由一个单片机系统就近转换为数字量，采用串口通信传送至主控机；低速轴和高速轴转速分别采用独立的测频系统获得频率，再采用串口通信传送至主控机，由主控机还原为转速；风速与高速轴转速可共用一套测频电路；电网频率与低速轴转速共用一套测频电路。图3-74为风力发电机组数据采集系统结构图。

四、监控系统

风电场计算机监控系统分中央监控系统和远程监控系统，系统主要由计算机、数据传输介质、信号转换模块、监控软件等组成。以下以某主机厂商的风电场监控系统为例做介绍（图3-75）。

1. 监控系统硬件

监控系统主要元器件有服务器、商业级交换机、工业级交换机、服务器机柜、UPS电源、操作员计算机等。

控制柜接线

服务器配置要求：

① CPU Xeon 2.5G；

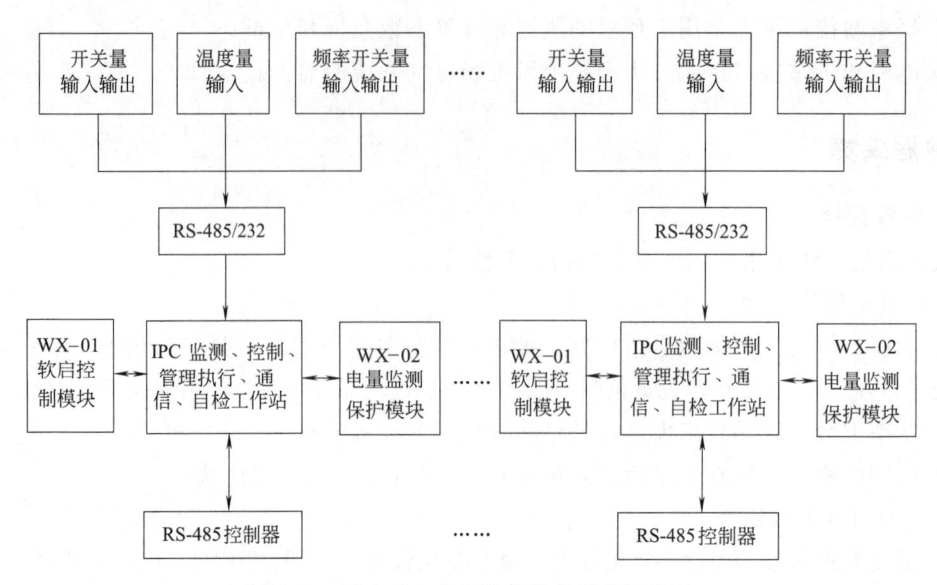

图 3-74 风力发电机组数据采集系统结构图

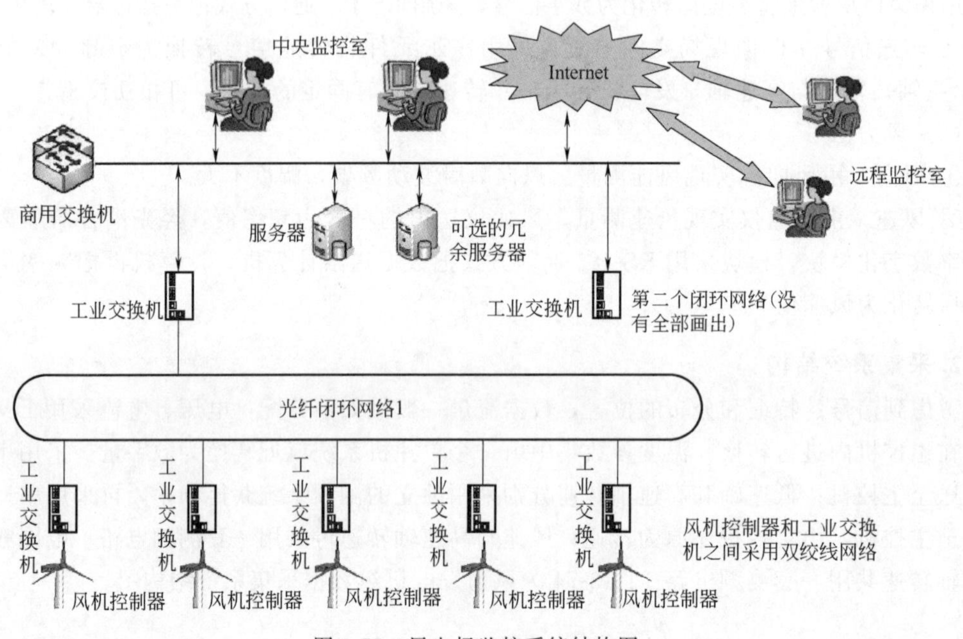

图 3-75 风电场监控系统结构图

② 内存 2G；

③ 硬盘 不少于250G的两个相同硬盘，组成RAID-1冗余阵列，永远保持两个硬盘一致，一个硬盘损坏，可以重新构建新的一个硬盘；

④ 以太网 2个1000M以太网口，一个连接客户端，另一个连接风力发电机组闭环网络；

⑤ 显示器 17″液晶；

⑥ 标配键盘和鼠标。

2. 监控系统软件

软件主要分为三个层次：驱动程序数据采集层、数据库层（包括历史数据库和实时数据库）、中央控制室人机界面和远程 Web 监控层（图 3-76）。

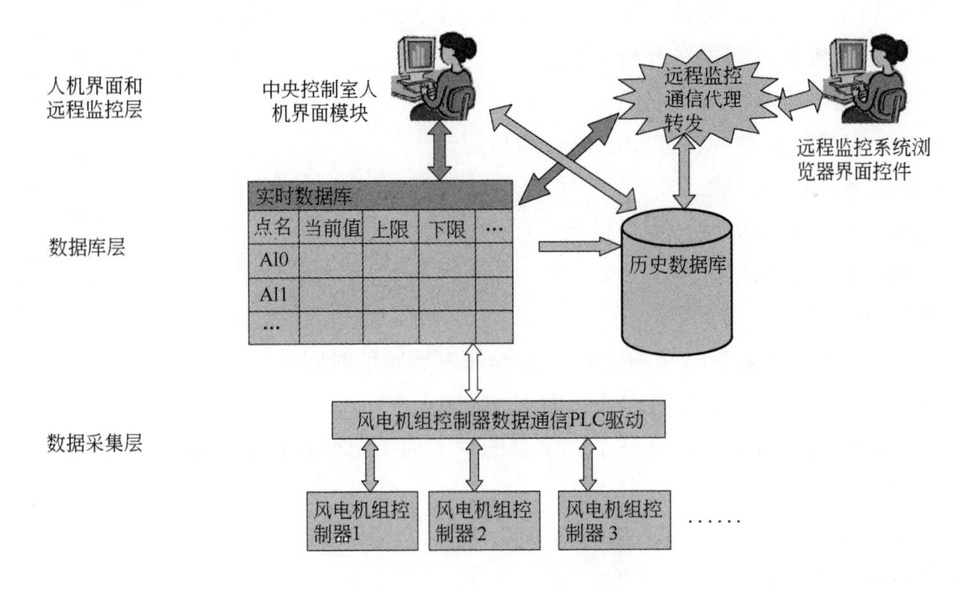

图 3-76 监控系统软件原理图

（1）监控系统软件功能

① 监视风力发电机组运行状态

a. 机组运行模式：并网、急停、维护等。

b. 机组运行参数：有功、无功、转速等。

c. 机组报警信息显示。

② 风力发电机组控制

a. 机组启停控制。

b. 机组维护模式控制。

③ 趋势图

a. 全场趋势图。

b. 每台机组趋势图。

c. 趋势图标签点和时间可以配置。

d. 可在同一幅趋势图中对不同时段的数据进行比较。

④ 报警

a. 报警记录显示。

b. 报警数据记录保存。

c. 区分不同的报警区。

⑤ 风力发电机组运行报表

日报表、周报表、月报表、年报表。

⑥ 风力发电机组报警音响　采用音响实现语音报警，不需要预先录制语音，根据文本

文字直接读出。

⑦ 历史数据保存　保存20年，开关量实时保存，模拟量大约每隔10s保存一次，用户可设置保存的时间和保存精度，系统可以达到毫秒级时钟保存。

⑧ 风电场发电量数据统计　发电量数据统计，风速、温度等平均值处理等。

⑨ 风力发电机组可利用率分析。

⑩ 风力发电机组功率保证曲线。

⑪风力发电机组各种停机故障原因查询功能。

(2) 监控系统软件性能

① 同时监控100台机组，每台机组600个标签点数据。

② 长期保存历史数据，不少于20年。

③ 数据刷新率

a. 刷新率等于数据采集时间和监控系统软件内部通信时间。

b. 数据采集时间3s，软件内部通信时间100ms。

④ 历史数据查询时间　查询一个标签点的一天内历史数据记录所用时间为150ms。

(3) 监控系统主要界面

① 风电场主界面。

② 各台机组界面。

③ 报警画面。

④ 趋势图。

⑤ 操作控制界面。

⑥ 变电站界面。

⑦ 监控系统网络界面。

3. 监控系统人机界面

风电场监控系统主要通过人机界面来实现操作者与风力发电机组的互动。几个主要的用户友好画面构成了人机界面的主体，通过这些画面，可以实现对远方风电场全场九折的运行状况进行监视控制。

监控系统主画面（图3-77）主要包括三个部分：上方工具条、下方工具条和中间的风机图标。除此之外，系统警告信息也能够在主画面中得以实时显示。

通过主画面上方工具条的风机状态图标，即可进入到默认的1号机组状态画面，如图3-78所示。从该画面中可以很直观地看到机组各部分主要参数当前值及其状态。在画面的左下方有三个蓝色按钮和三个白色按钮。通过三个蓝色按钮，可以进行机组控制窗口、机组数据、趋势图画面之间的切换。

机组控制窗口主要包括机组控制区、偏航系统控制区、复位区。在机组控制区，可对机组进行远程启停控制。在偏航控制区，可对机组进行偏航控制，包括手/自动偏航切换、顺时针开始偏航、逆时针开始偏航、停止偏航。复位区包含状态码和安全链的复位按钮。

单击机组数据按钮，可以进入机组标签点状态查询画面（图3-79），在此画面中可以翻页查看。

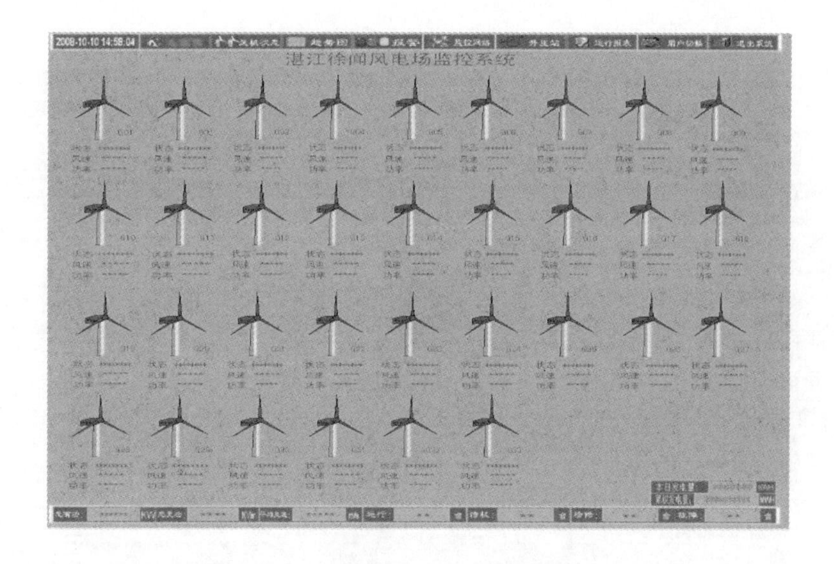

图 3-77 监控系统人机界面主画面

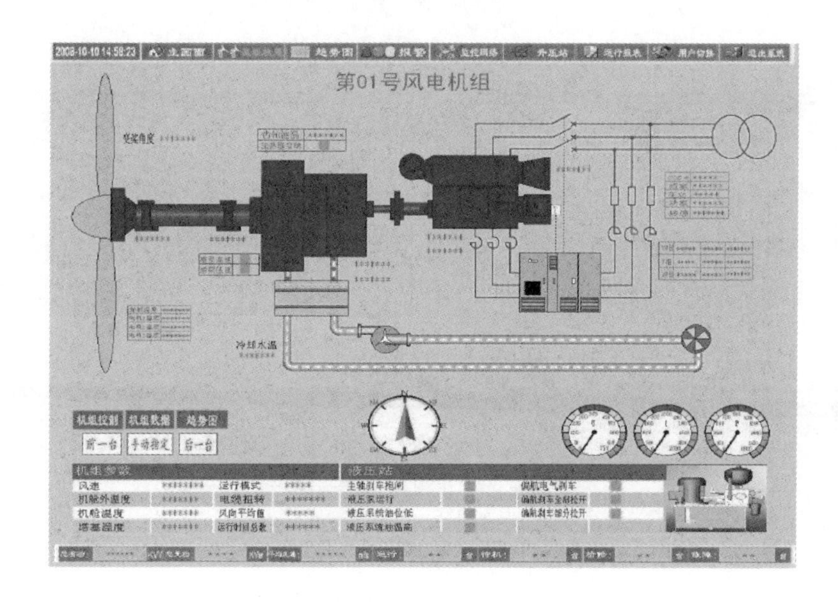

图 3-78 1 号机组状态画面

同样，通过蓝色趋势图按钮，可以进入该机组趋势图画面（图 3-80）。

三个白色按钮可以用来选择不同的机组状态画面。

从趋势图画面下方的蓝色按钮，可以进入相应单台机组的趋势图。

单击上方工具条的报警图标，进入报警画面（图 3-81）。报警图标中有三个不同颜色的指示灯。当系统有未确认的高优先级报警发生时，红色指示灯闪烁；当系统有未确认的中优先级报警发生时，橙色指示灯闪烁；当系统有未确认的低优先级报警发生时，黄色指示灯闪烁。直到未确认的报警全部被确认后，相应指示灯才停止闪烁。在有未确认的中优先级或高优先级报警发生时，指示灯闪烁的同时，系统还会发出告警提示声音。

第01号风机标签点状态查询

变量标签名称	变量当前值	变量标签名称	变量当前值
偏航远方手动停止	**********	变桨用690/400V变压器温度30秒平均值	**********
偏航远方手动CCW动作	**********	变桨用690/400V变压器温度10分钟平均值	**********
偏航远方手动CW动作	**********	桨叶1电机温度1秒平均值	**********
偏航手动	**********	桨叶1电机温度30秒平均值	**********
机组远方停止	**********	桨叶1电机温度10分钟平均值	**********
机组远方启动	**********	桨叶2电机温度1秒平均值	**********
远方复位故障代码	**********	桨叶2电机温度30秒平均值	**********
远方复位安全链	**********	桨叶2电机温度10分钟平均值	**********
机舱外温度1秒平均值	**********	桨叶3电机温度1秒平均值	**********
机舱外温度30秒平均值	**********	桨叶3电机温度30秒平均值	**********
机舱外温度10分钟平均值	**********	桨叶3电机温度10分钟平均值	**********
轮毂温度1秒平均值	**********	转子轴承A温度1秒平均值	**********
轮毂温度30秒平均值	**********	转子轴承A温度30秒平均值	**********
轮毂温度10分钟平均值	**********	转子轴承A温度10分钟平均值	**********
机舱温度1秒平均值	**********	转子轴承B温度1秒平均值	**********
机舱温度30秒平均值	**********	转子轴承B温度30秒平均值	**********
机舱温度10分钟平均值	**********	转子轴承B温度10分钟平均值	**********
塔基温度1秒平均值	**********	齿轮油温1秒平均值	**********
塔基温度30秒平均值	**********	齿轮油温30秒平均值	**********
塔基温度10分钟平均值	**********	齿轮油温10分钟平均值	**********
机舱电柜温度1秒平均值	**********	齿轮箱DE端轴承温度1秒平均值	**********
机舱电柜温度30秒平均值	**********	齿轮箱DE端轴承温度30秒平均值	**********
机舱电柜温度10分钟平均值	**********	齿轮箱DE端轴承温度10分钟平均值	**********
塔基电柜温度1秒平均值	**********	齿轮箱NDE端轴承温度1秒平均值	**********
塔基电柜温度30秒平均值	**********	齿轮箱NDE端轴承温度30秒平均值	**********
塔基电柜温度10分钟平均值	**********	齿轮箱NDE端轴承温度10分钟平均值	**********
机舱供电用690/400V变压器温度1秒平均值	**********	齿轮冷却水温度1秒平均值	**********
机舱供电用690/400V变压器温度30秒平均值	**********	齿轮冷却水温度30秒平均值	**********
机舱供电用690/400V变压器温度10分钟平均值	**********	齿轮冷却水温度10分钟平均值	**********
变桨用690/400V变压器温度1秒平均值	**********	发电机DE端轴承温度1秒平均值	**********

图 3-79　机组标签点状态查询画面

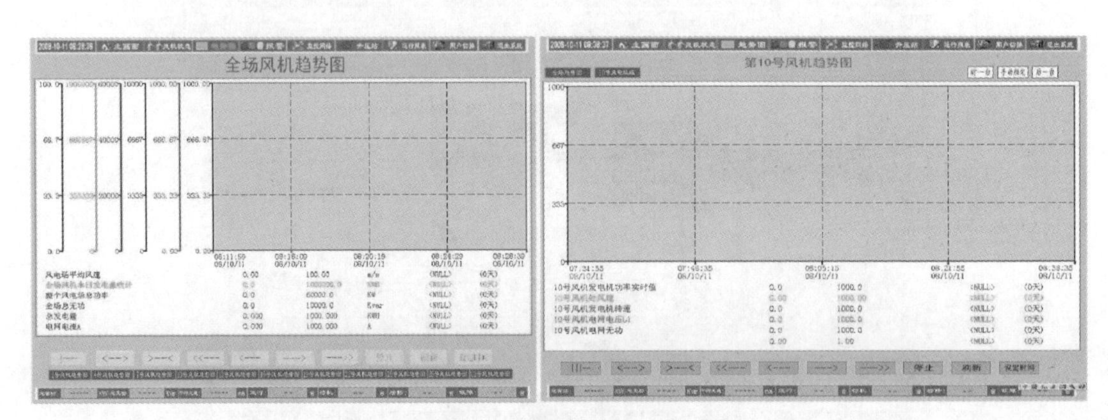

图 3-80　机组趋势图画面

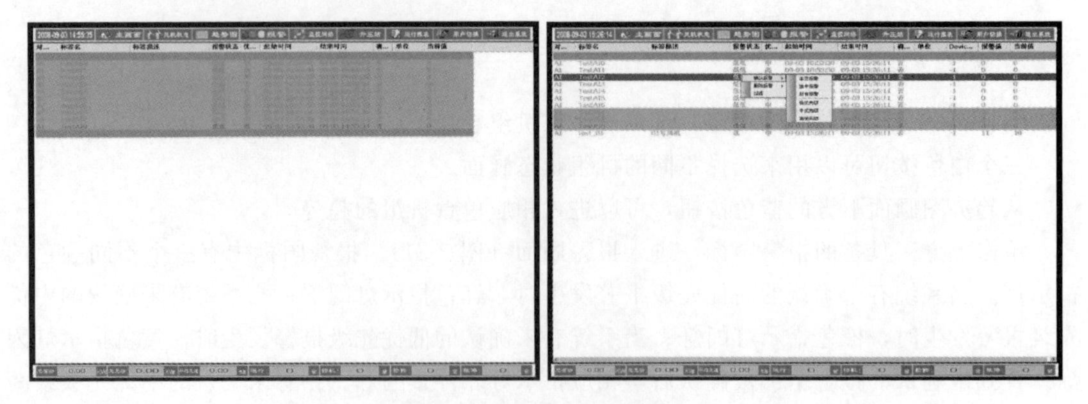

图 3-81　监控系统报警画面

画面显示报警事件的详细信息，包括对象类型、标签名、标签描述、报警状态、优先级、起始时间、结束时间、确认否、单位和当前值。画面可显示的报警信息还包括 ID、报警区、DeviceID、MemBlockID、报警值，具体画面显示哪些报警信息，可由用户按需要来指定。

单击上方工具条的监控网络图标，进入监控网络结构画面（图 3-82）。通过该画面，可以监视到风电场各环路中每台交换机之间以及交换机和控制器之间的网络连接状态。

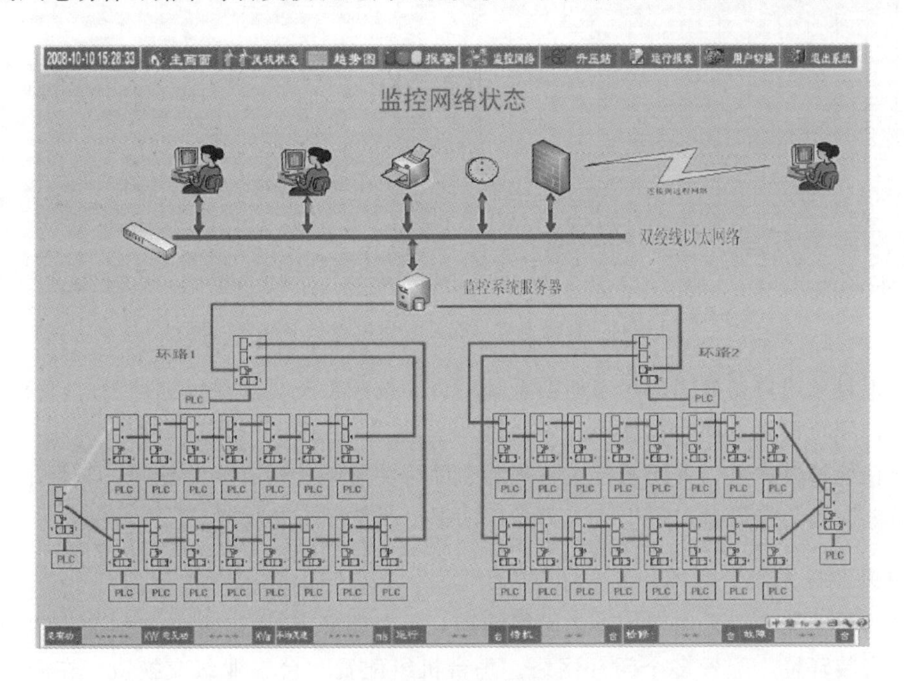

图 3-82　监控网络窗口

单击上方工具条的升压站图标，系统进入升压站画面（图 3-83）。该画面展示风电场的电气连接图，可以监视到各电气设备的运行情况。

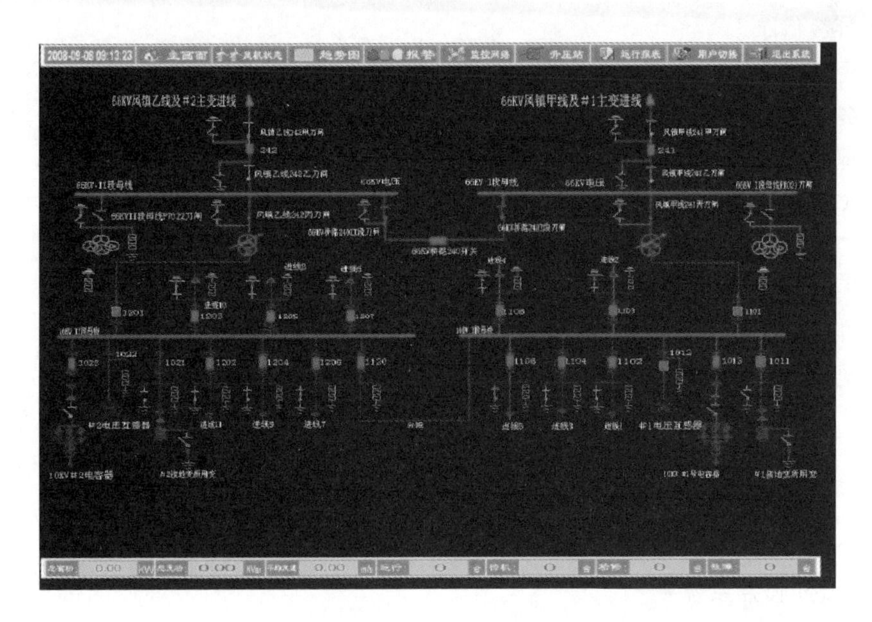

图 3-83　升压站窗口

通过上方工具条的运行报表图标，首先进入的是昨日数据报表（图 3-84），其中有全场平均速度、全场总功率、每台机组功率的整点数值。通过画面下方的四个蓝色按钮，可以进入年报表、月报表、周报表和日报表。

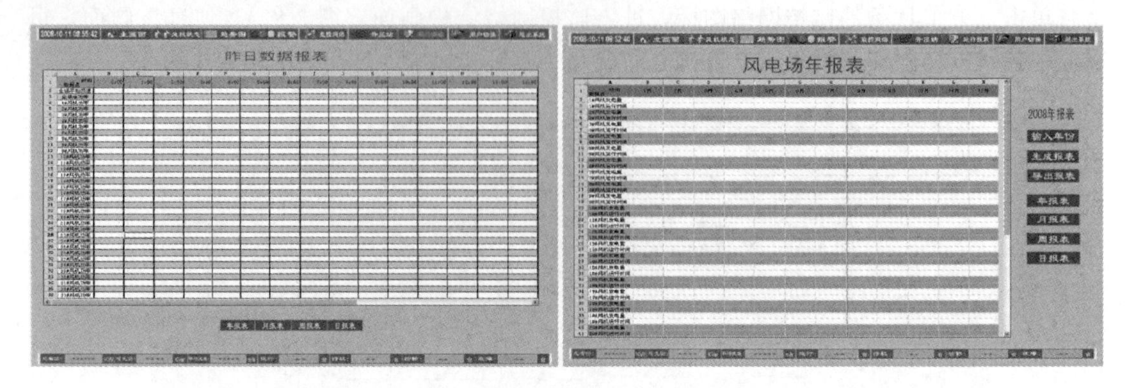

图 3-84　报表窗口（昨日数据报表和年报表）

上方工具条用户切换图标用来切换系统用户。按照系统自动提示进行用户切换。当用户切换成功，用户权限也同时被切换。

系统在编辑模式下，关闭系统主管理器，即可关闭系统所有相关程序。如要在运行模式下退出系统，则只能通过点击上方工具条中的退出系统图标来实现。

4. 中央监控系统

中央监控系统一般采用双闭环的网络结构，每个闭环支持 20～50 台风力发电机组。可根据现场安装环境，配置多个闭环网络。每台机组配置一台工业级交换机。在服务器机柜中，每个闭环网络也需要配置一台工业级交换机，其型号和每台机组配置的交换机相同。

中央监控系统采用两层结构，即中央控制室和风力发电机组塔基柜监控系统。

（1）中央监控室的主要功能

① 实时数据库。

② 历史数据库。

③ 服务器后台统计和分析计算。

④ 远程 Web 监控系统通信网关。

⑤ OPC Server 通信网关。

⑥ 监控风力发电机组运行的人机界面。

（2）中央监控室的硬件配置

① 标准配置　1 台服务器计算机和 2 台操作站计算机。

服务器运行上述所有功能中除了“监控风力发电机组运行的人机界面”以外的其他功能。为提高系统性能，可以把历史数据库、远程 Web 监控系统通信网关放置在单独的服务器上。服务器可以配置为双服务器冗余，两台均为热备用，客户端会在两台服务器之间自动切换。

② 每个操作站标配一个报警音响。

（3）塔基柜监控系统

塔基柜监控系统主要是一台工业级交换机。交换机电源来自塔基柜控制系统电源。

塔基柜工业交换机通过广口连接为一个闭环网络。

工业交换机和光纤接线盒安装在塔基柜的柜壁上。工业交换机和塔基柜控制器之间用双绞线连接。

通信协议采用 ADS 协议。该协议是基于以太网 YCP 的高层协议。

5. 远程监控系统

并网型风力发电机组是风电场的主体，对风电机组实行集群控制，是实现安全运行和科学管理的重要手段。远程监控装置能实时异地监测每台机组的运行情况，通过远程监控装置可以调节设备的某些部件，设置某些参数，存取发电设备数据，对机组进行控制。图 3-85 为风电场远程监控管理系统网络结构。

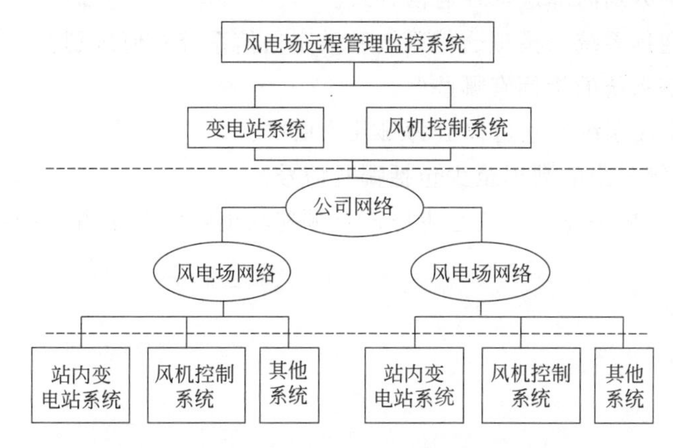

图 3-85 风电场远程监控管理系统网络结构

远程监控系统实现对各风电机组的实时在线监控和管理，控制各风电机组的启动与停机，进行定值修正，实现控制操作的画面显示、报表生成、打印、事件记录、报警、事故追忆、分析等功能，具备系统故障的自动诊断恢复功能，在通信中断情况下，不丢失技术数据。

数据传输采用光缆，光缆采取环网的方式进行连接。

风电机组工作期间，风速、风向、风轮转速、大小电机转速、发电时间、发电功率、电缆扭转角度、抱闸油压、并/脱电网切换等参数和数据，由控制系统 PLC 实时测算。当出现故障时，控制系统要及时做出安全处理，同时这些异常情况也可发送给集群控制计算机。监控计算机在获得各台机组运行参数和状态的基础上，分别对每台所监控的风电机组发出相应的启/停、迎/侧风、解缆等命令和必要的运行参数修正命令，以使整个风电机组群更加安全合理地运行。

监控计算机必须逐号对网上的各台风电机组进行应答通信。为提高通信的实时性，各风电机组的主控 PLC 在进行控制程序设计时，在 DM 数据区开辟了通信缓冲区，把风电机组运行中的各类数据和状态，从不同的通道区实时传送到 DM 区的对应缓冲单元，并同时分析 DM 区的命令接收单元得到的命令，以执行指定操作。

习 题

1. 通信的目的是__________。信息是__________、__________和__________的

组合。

2. 信息的基本载体可以有__________、__________、__________、__________和__________等多种媒体。

3. 数据是__________，信号是数据__________，信源是__________的一端，信宿是__________的一端，信道是__________，通路是__________。

4. 网络节点分__________和__________。

5. 风电场计算机监控系统分__________和__________，系统主要由__________、__________、__________、__________等组成。

6. 根据数字信号在通道上的传输方式不同，数据传输分为__________通信和__________通信，分别简释这两种通信方式。

7. 什么是数据通信系统？模拟通信系统和数字通信系统有何区别？

8. 衡量数据通信系统的指标有哪些？

9. 什么是 SCADA 系统？它可以分为哪几个层次？

10. 数据采集系统采集的数据至少包括哪些信号？

11. 以你的理解，中央监控系统至少应该有哪些功能？它和远程监控系统有什么不一样的地方？

第四章

风力发电机组并网技术

风力发电有两种不同的类型：独立运行的——离网型和接入电力系统运行的——并网型。离网型的风力发电规模较小，通过蓄电池等储能装置或者与其他能源发电技术相结合，可以解决偏远地区的供电问题。规模较大的风力发电场由几十台甚至成百上千台风电机组构成，通常都会接入电力系统运行。所谓并网型风力发电系统，是指风电机组与电网相连，向电网输送有功功率，同时吸收或者发出无功功率的风力发电系统。并网型风力发电系统的结构见图 4-1。

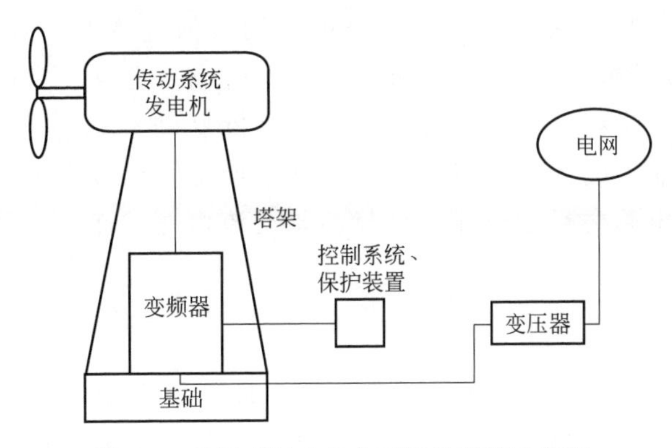

图 4-1　并网型风力发电系统的结构示意图

在电力系统，从电源经输配电网络到用电设备的整个过程中，要求各部分的电压频率相同，否则，各部分电压频率的差异就会给电网带来稳定性问题。从某些电源得到的电力有时不能直接满足要求，需要进行电力变换。例如，风力发电机本身输出的电压频率与转子的转速有关，而转子的转速是由风力带动风力发电机的转速决定的，因而风力发电机输出电压的频率就可能随着风速的波动而发生变化。在风速变化的情况下，为保证风力发电机组的输出电压的频率恒定不变，且与电网电压的频率相同，需要应用变流技术。应用电力电子变流设备，可以很方便地进行交流电频率的变换和调节。目前国内外主流的大型风力发电机组，大都采用电力电子变流设备来实现变速恒频控制。

并网发电测试

另外，在风电场、变电站等很多场合，还需要配备用于实现无功补偿和电压控制的设备。

第一节 并网中用到的电力电子技术

一、电力电子器件

电力电子器件又称为功率半导体器件，主要用于电力设备的电能变换和控制电路方面大功率的电子器件。

按器件能被控制的程度，电力电子器件可以分为以下三种。

① 半控型器件　通过控制信号可以控制其导通，但不可控制其关断的电力电子器件，例如晶闸管。

② 全控型器件　通过控制信号，既可以控制其导通又可以控制其关断的器件，如 IGBT。

③ 不可控器件　不需要控制信号的器件，例如电力二极管。

二、电力电子变流技术

电力电子变流技术共有四大块，即整流电路（AC-DC）、逆变电路（DC-AC）、变频电路（AC-AC）、斩波电路（DC-DC）。

1. 整流电路（AC-DC）

整流电路的作用是将交流电变换成大小可以调节的直流电，为直流用电设备供电。大多数整流电路由变压器、整流主电路和滤波器等组成。主电路多用硅整流二极管和晶闸管组成。滤波器接在主电路与负载之间，用于滤除脉动直流电压中的交流成分。变压器的作用是实现交流输入电压与直流输出电压间的匹配，以及交流电网与整流电路之间的电隔离。经过整流电路之后的电压，已经不是交流电压，而是一种含有直流电压和交流电压的混合电压。

2. 逆变电路（DC-AC）

逆变电路是与整流电路（Rectifier）相对应的，把直流电变成交流电称为逆变。当交流侧接在电网上，即交流侧接有电源时，称为有源逆变；当交流侧直接和负载连接时，称为无源逆变。

3. 变频电路（AC-AC）

变频电路是对交流电的频率进行变换的电路，一般还可同时控制输出电压。

4. 斩波电路（DC-DC）

直流斩波电路是一种将电压恒定的直流电变换为电压可调的直流电的电力电子变流装置，亦称直流斩波器或 DC/DC 变换器。用斩波器实现直流变换的基本思想，是通过对电力电子开关器件的快速通、断控制，把恒定的直流电压或电流斩切成一系列的脉冲电压或电流，在一定滤波的条件下，在负载上可以获得平均值可小于或大于电源的电压或电流。如果改变开关器件通、断的动作频率，或改变开关器件通、断的时间比例，就可以改变这一脉冲序列的脉冲宽度，以实现输出电压、电流平均值的调节。

三、风电机组变流器的主要技术

早期生产的风力发电机组，由于受到技术发展水平的限制，只能采用异步发电机。随着大功率电子技术的发展，双馈型发电机和永磁直驱型发电机逐渐成为风力发电机组的主流机型。目前，支撑风电大功率变流器的主要技术有以下五项。

1. 正弦脉宽调制技术

正弦脉宽调制的基本原理，是将参考波形与输出调制波形进行比较，并根据两者的比较结果，确定逆变桥臂的开关状态。采用 SPWM 整流器作为 AC/DC 变换的 SPWM 逆变器，就是所谓的双 SPWM 变频器。它具有输入电压、电流频率固定，波形均为正弦，功率因数接近 1，输出电压、电流频率可变，电流波形也为正弦的特点。这种变频器可实现四象限运行，从而达到能量的双向传送。

2. 大功率变流技术

由于大功率风力发电机组的风能利用率高，经济效益好，风力发电机组的容量不断增大。而半导体开关功率器件受电压等级和额定电流的制约，容量有限，无法满足大功率的要求，必须采取技术手段来解决工程需要。主要技术方法有：

① 采用器件串联技术，提高电压等级；

② 采用器件并联技术，提高逆变器的输出电流；

③ 采用模块并联技术（模块并联就是把小额定工作电流的器件并联使用），完成大电流控制任务，模块有利于批量生产，方便维修。

大功率变流器一般使用 IGBT 器件。IGBT 变流器的好处有：

① 开关时间短，导通时间不到 1ms，关断时间小于 6ms，器件功耗小；

② 目前单只管容量已经较大，如 FZ600R65KF1 等器件，可以在 6kV 电压下控制 1.2kA 的电流，FZ3600R12KE3 等低电压器件，可以在 1.2kV 电压下控制 3.6kA 的电流（采用水冷却方式，单组变流器的功率已经达到 1MW 以上）；

③ 大功率 IGBT 的驱动功率很小，并联使用时有很好的自动均衡分配的特性（采用并联使用很容易达到风力发电机组所需的功率水平），风小时可以减少运行组数，提高变流器的工作效率；

④ 使用脉宽调制（PWM）获得正弦波形转子电流，发电机内不会产生低次谐波转矩，不仅改善了谐波性能，而且使有功功率和无功功率的控制更为方便。

3. 多重化技术

多重化技术是指在电压源型变流器中，为减少谐波，提高功率等级，将输出的 PWM 波错位叠加，使输出波形更加接近正弦波。

4. 低电压保持技术

电网运行规则要求，当电网发生故障，如电压跌落时，风力发电机组仍需要保持与电网的连接，只有故障严重时才允许离网，这就要求风力发电机组具有较强的低电压保持能力。电压跌落时，在发电机的转子侧会产生过电压和过电流，过电流会损害变流器，而过电压会损坏发电机的转子绕组。为了保护逆变器，必须采用过电压、过电流保护措施。

5. 计算机软件控制技术

风力发电机组变流器的组成，除电子和电气元件构成的硬件系统外，还利用机组控制器或专门的计算机芯片对硬件系统进行控制。计算机软件便于修改和设定，具有无法替代的优势。

习　题

1. 电力电子变流技术共有四大块，分别是整流电路（AC-DC）、__________、变频电路（AC-AC）、__________。

2. 整流电路的作用是__________。

3. __________是与整流电路相对应，把直流电变成交流电。

第二节　定速定桨距机组的软并网技术

异步发电机是一种交流发电机，它通过定子与转子间气隙旋转磁场，与转子绕组中感应电流相互作用而工作。异步发电机的优点，是并网后不会产生振荡和失步，运行稳定，且控制装置简单。异步发电机的缺点，是当采用直接并网方式时，并网瞬间的冲击电流会达到发电机额定电流的5～9倍。大的冲击电流会造成并网瞬间电网电压的突然下跌，威胁电网的稳定和安全。

异步发电机的并网方式有降压并网、准同步并网和晶闸管软并网。

降压并网方式，是发电机与电网之间串联电抗器、电阻器或星三角启动器，以减小并网冲击电流，在并网完成后，使电抗器或电阻器退出运行。该方式适用于小容量的风电机组的并网。

准同步并网方式，须有高精度的调速器和整流、同步设备，增加了机组的造价，而且并网花费的时间长。

采用双向晶闸管的软并网技术，可以得到一个平稳的并网过渡过程而不会出现冲击电流，使并网时的电流控制在2倍的额定电流以内，因此可以大大降低并网时的冲击，增加风电机组的使用寿命和可靠性。目前大型的定桨恒速风电机组均采用这种并网工作方式。

一、软并网控制系统的结构

定速定桨风电机组，是早期并网型风力发电机组的主要类型，该系统中风电机组的并网控制是其关键技术之一，直接影响到风电机组工作的可靠性和有效工作寿命内的发电量。

定速定桨风电机组的软并网控制系统主要由三部分构成（图4-2）：

① 触发电路；

② 反并联晶闸管电路；

③ 异步发电机。

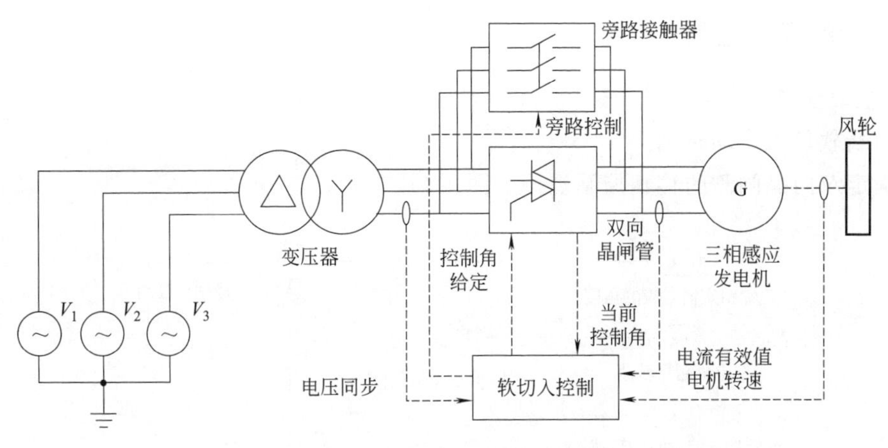

图 4-2 软并网控制系统的结构

二、软并网装置中晶闸管的触发方式

移相触发方式：通过改变晶闸管触发的延迟角来改变输出端电压的有效值，输出电压可以从零到电源电压连续变化。

优点：简单可靠，无需辅助换相。

缺点：电压谐波含量较高。

晶闸管移相触发电路需要满足的条件如下。

① 三相电路中，任何时刻至少需要一相的正向晶闸管与另外一相的反向晶闸管同时导通，否则不构成电流回路。

② 为保证在电路起始工作时使两个晶闸管同时导通，以及在感性负载与触发延迟角较大时仍能满足条件①的要求，需要采用大于 60°的宽脉冲或双窄脉冲的触发电路。由于双窄脉冲触发可以降低脉冲变压器及线路损耗，且比宽脉冲触发可靠，一般采用双窄脉冲触发方式。

③ 晶闸管的触发信号，除了必须与相应的交流电源有一致的相序外，各触发信号之间要保持一定的相位关系。如图 4-3 所示主电路中，晶闸管的导通序列为 VTH6→VTH1→VTH2→VTH3→VTH4→VTH5→VTH6，相应两个晶闸管的触发脉冲相位差为 $\pi/3$，每一时刻两个晶闸管同时导通。

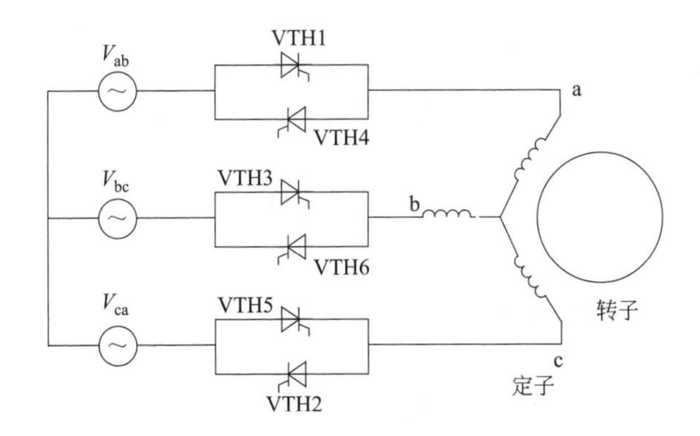

图 4-3 软切入结构简图

三、软并网的规律控制

（1）主要任务

① 判断软切入启动时刻。

② 确定双向晶闸管的移相控制规律（图 4-4）。

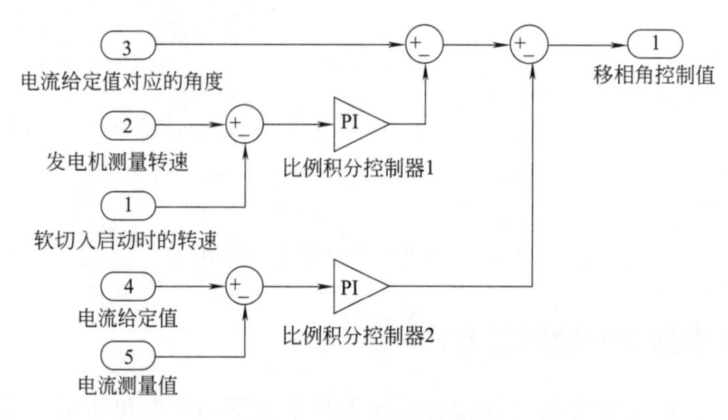

图 4-4　移相角控制框图

（2）评价指标

① 并网电流≤2 倍额定电流。

② 并网电流过渡平滑，不对传动轴系产生过大的冲击。

③ 并网时间短。

④ 发电机转速不产生明显升高，并网完成后迅速进入稳定运行。

四、并网软切入对电网的影响

晶闸管的移相控制过程中，将造成大量的谐波污染。当采用并网软切入的风电机组大量接入电力电网系统时，必须考虑谐波对于电力系统的危害。

就机组本身而言，谐波主要是对补偿电容器和电容接触器的影响比较大。当机组处于软切入过程中时，不允许补偿电容器组的投入，只有在软切入完成后，才投入电容器进行功率因数补偿。

但是，在谐波电压污染严重的风电场中，正常工作的电容器组也会由于对谐波电流的放大作用而导致过载，情况严重的话，需要考虑在补偿电容器回路加装调谐电抗器。

并网软切入过程中，由于异步发电机从电网吸收无功功率作为励磁能量，将拉低接入点电压，而切入结束后，由于补偿电容器的投入和机组发出有功功率的增加，将带动接入点电压回升。

习　题

1. 定速定桨风电机组的软并网控制系统主要由三部分构成：________、________、________。

2. 异步发电机的并网方式有降压并网、________和________。

3. 并网软切入对电网的影响是什么？

第三节 交流励磁双馈式风电机组并网技术

一、交流励磁双馈式机组变流器工作原理

双馈式风电机组的定子绕组和电网直接连接，定子绕组感应电压的频率若有变化，将会直接反映到电网电压中。实际上，在交流励磁双馈式风电机组中，定子绕组输出电压的频率可以通过转子绕组中的交流励磁电流的频率调节来控制。图 4-5 为双馈异步风力发电机组的结构。

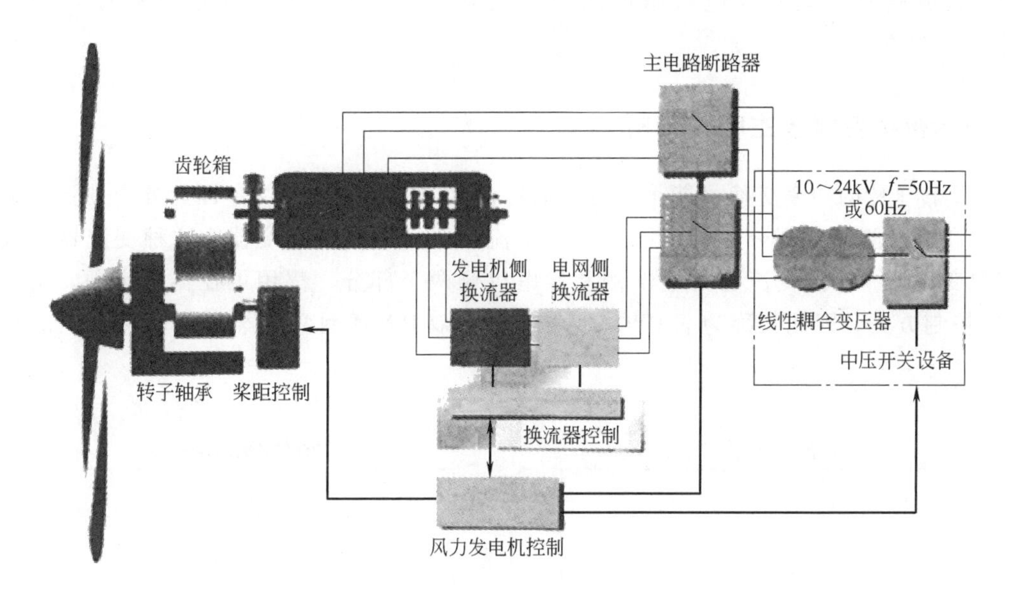

图 4-5 双馈异步风力发电机组的结构

用于控制定子绕组输出电压频率的转子绕组交流励磁电流，是由电网提供的。由于转子的励磁电流要求是频率可调的交流电，一般只能通过变流器来提供。交流励磁双馈式风电机组所用的变流器，往往也是由两部分组成，一部分作为整流器使用，一部分作为逆变器使用。

双馈感应发电机不同于普通的异步机，在次同步运行及超同步运行状态下都可以作为发电机状态运行，但其功率流向有所不同。在次同步运行状态，电网侧变流器（此时作为整流器）将电网 50Hz 的交流电整流，得到直流电，再由电机侧变流器（此时作为逆变器）将该直流电逆变为频率满足要求的交流电，用于转子绕组的励磁。此时，电网通过变流器向发电机的转子送入功率。在超同步运行状态，电机侧变流器（此时作为整流器）将转子绕组感应出的低频交流电整流，得到直流电，再由电网侧变流器（此时作为逆变器）将该直流电逆变为频率与电网频率相同的交流电，送入电网。此时，发电机转子通过变流器向电网馈送功率。

在同步运行状态，变流器应向发电机转子提供直流电。但实际上风电机组处于严格的同步运行状态的时候很少，即使出现，持续的时间也很短。因此，在控制上，在发电机接近同

步运行状态时，提供的励磁电流为频率非常低的交流电。

不管风电机组处于哪种工作状态，发电机的定子都向电网馈送功率。

转子绕组中的交流励磁电流频率较低，实际上对应的是转差频率。转子绕组与电网之间交换的功率为：

$$P_r = sP_s$$

式中，P_r、P_s、s 分别为转子、定子与电网交换的功率和发电机转差率。

由于 $|s|<1$，转子与电网交换的功率相当于定子送入电网功率的一部分，也就是说，交流励磁双馈式风电机组所用的变流器，其容量可以比发电机的额定功率小。一般来说，交流励磁双馈式风电机组所用的变流器，可以按发电机额定功率的 1/3～1/2 设计。

二、双馈机组变流器主电路分析

由于转子侧的功率交换可能是从电网取得，也可能是送入电网，因此要求变流器的发电机侧和电网侧两个部分，都要既可作为整流器，又可作为逆变器。这种变流器常被叫做双向变流器。双向变流器的电网侧和发电机侧两个部分，都用可控器件实现，均采用 PWM 控制方式，因此又称为双 PWM 型变流器。双 PWM 型变流器的主电路结构如图 4-6 所示。

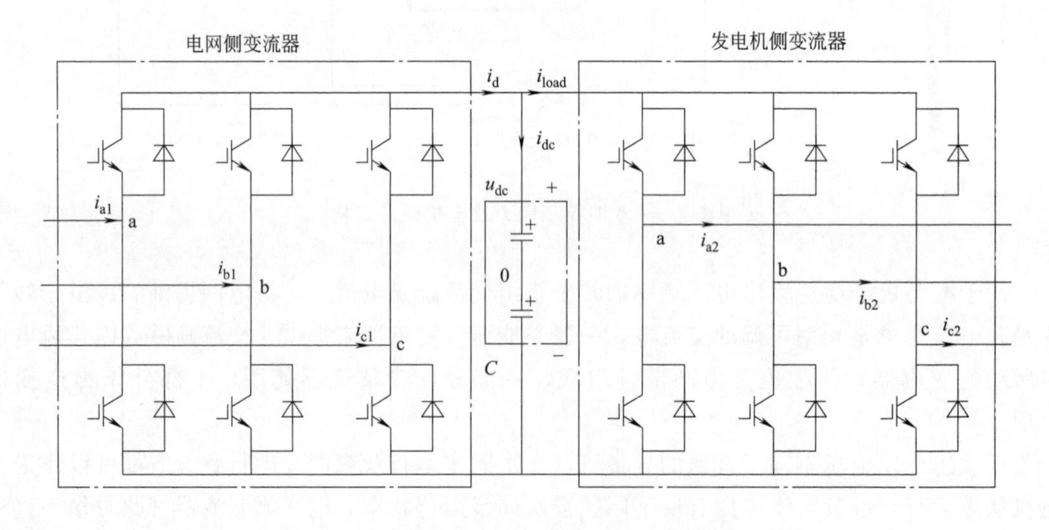

图 4-6　双 PWM 型变流器主电路结构图

变流器是由两个背靠背连接的电压型 PWM 变换器构成的交-直-交变换器。PWM 整流器是一个三相电压型 PWM 高功率因数整流器。因为发电机的输出电压是根据风速变化的，PWM 整流器可以为电网侧变流器提供恒定的直流母线电压，并使得交流输入电流跟随输入电压进行变化，其波形近似正弦波。电网侧变流器实际上是一个三相电压型逆变器，直流母线电压经逆变、滤波后并入电网。

三、交流励磁双馈式机组并网过程

双馈式风电机组可以实现无冲击并网。首先，机组在自检正常的情况下，风轮处于自由运动状态，当风速满足启动条件且风轮正对风向时，变桨执行机构驱动叶片至最佳桨距角。然后，风轮带动发电机转速至切入转速，变桨机构不断调整桨距角，将发电机空载转速保持在切入转速上。此时，风电机组主控制器如认为一切就绪，则发出命令给双侧变流器，使之执行并网操作。

如图 4-7 所示，变流器在得到并网命令后，首先以预充电回路对直流母线进行限流充电，在电容电压提升至一定程度后，电网侧变流器进行调制，建立稳定的直流母线电压，而后机组侧变流器进行调制。在基本稳定的发电机转速下，通过机组侧变流器对励磁电流大小、相位和频率的控制，使发电机定子空载电压的大小、相位和频率与电网电压的大小、相位和频率严格对应。在这样的条件下闭合主断路器，实现准同步并网。

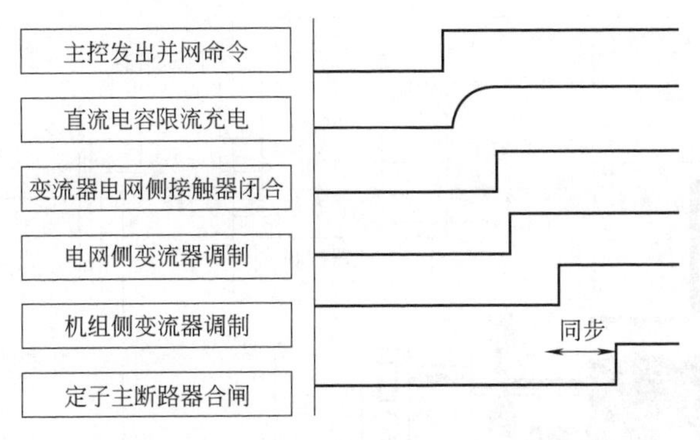

图 4-7 双馈异步发电机并网启动过程

习　题

1. 双馈式风电机组的____________和电网直接连接，____________的励磁电流要求是频率可调的交流电，会连接变流器，由变流器来提供。

2. 交流励磁双馈式风电机组所用的变流器，往往是由两部分组成，一部分作为____________使用，一部分作为逆变器使用。

3. 叙述双馈式感应电机在同步运行、次同步运行、超同步运行状态下，电网侧变流器和机侧变流器的不同作用。

第四节 永磁直驱机组的并网技术

一、永磁直驱变流器工作原理

由于发电机的转子与风力机直接连接，转子的转速就由风力机的转速决定。当风速发生变化时，风力机的转速也会发生变化，因而转子的旋转速度是随着风速时刻变化的。

于是，发电机定子绕组输出的电压频率将不是恒定的。为了解决风速变化带来的风电机组输出电压频率变动的问题，最好的方式就是在发电机定子绕组与电网之间配置变频变流器。

目前，大型直驱式永磁同步风电机组采用的并网变流器，一般都是交-直-交变频结构，严格来说，是一个整流器和一个逆变器的组合。基于电力电子技术的变流器，先将风力发电机输出的交流电压整流，得到直流电压，再将该直流电压逆变为频率、幅值、相位都满足要求的交流电，送入电网。经变流器变频后，风电机组送入电网的电压、电流的频率能始终保持恒定。

图 4-8 所示为带有并网变流器的永磁同步直驱式风电机组结构示意图。并网变流器连接在风力发电机定子绕组与电网之间，风电机组输出的全部功率都要经过变流器送入电网，因而变流器的容量要按风电机组的额定功率来设计。例如，1.5MW 永磁同步直驱式风电机组所配备的并网变流器容量，至少也要按 1.5MW 来设计。

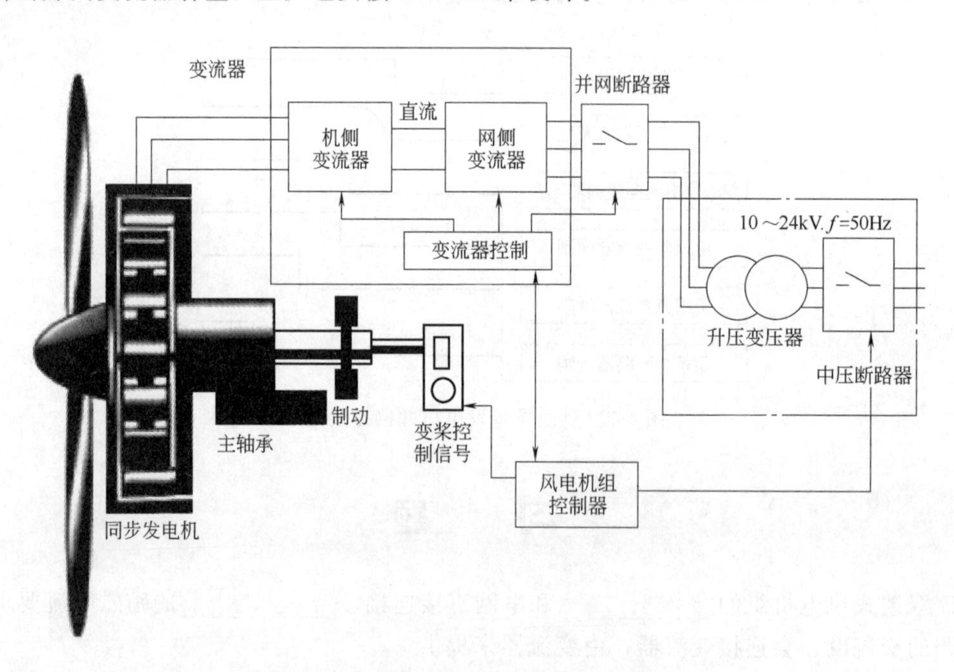

图 4-8 永磁同步直驱式风电机组的结构

永磁直驱风电机组可以实现无冲击并网。首先，机组在自检正常的情况下，风轮处于自由运动状态，当风速满足启动条件且风轮正对风向时，变桨执行机构驱动叶片至最佳桨距角。然后，风轮带动发电机转速至切入转速，变桨机构不断调整桨距角，将发电机空载转速保持在切入转速上。此时，风电机组主控制器如认为一切就绪，则发出命令给变流器，使之执行并网操作。

二、永磁直驱变流器电路分析

直驱式风电机组的并网换流器结构有多种设计方案，常见的几种如图 4-9 所示。

图 4-9(a) 所示的方案，发电机侧的变流器采用不可控整流。其优点是简单可靠；缺点是发电机功率因数低，主要适合 1MW 以下，而且在发电机输出电压低于电网电压（低风

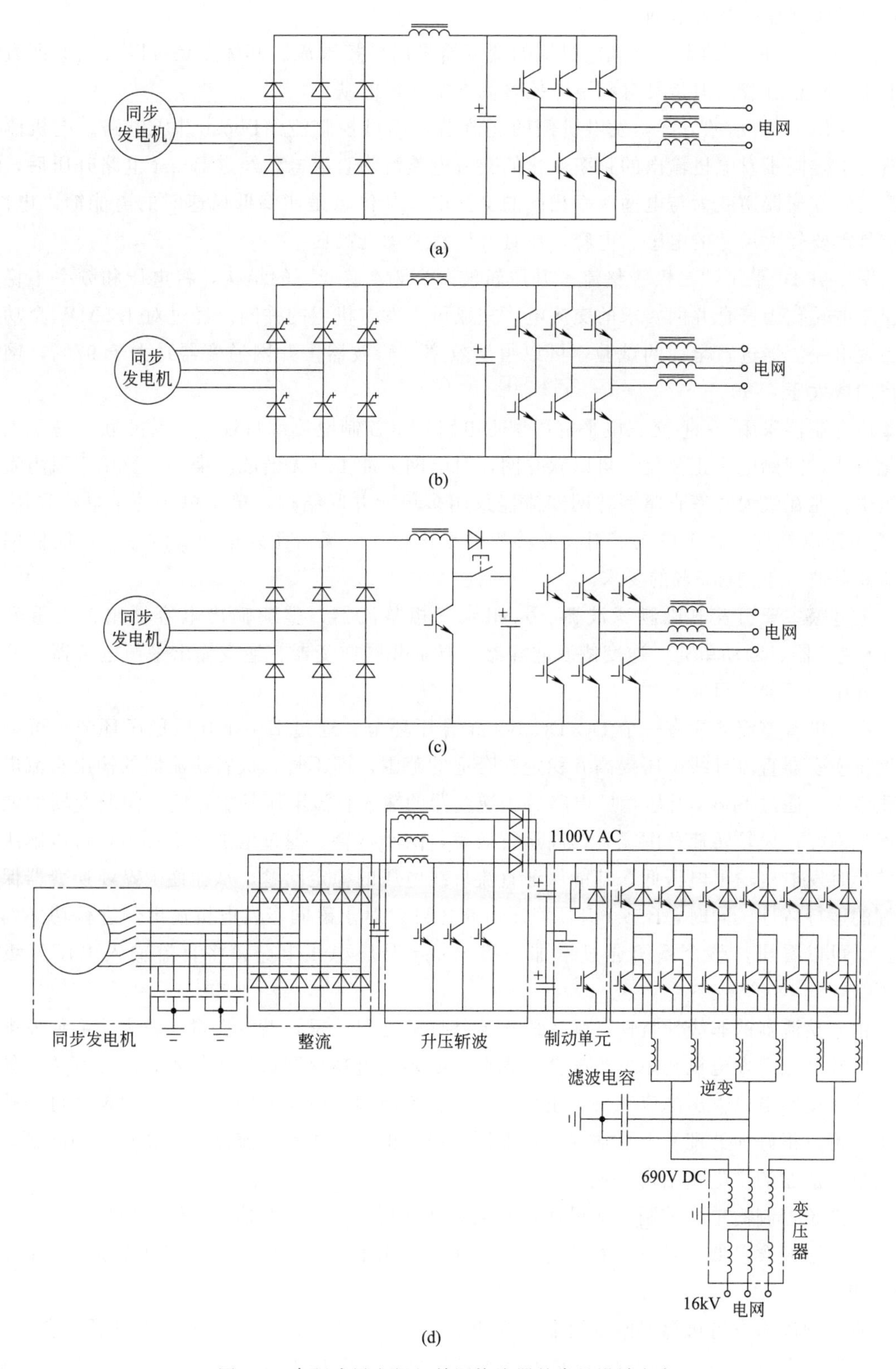

图 4-9 直驱式风电机组并网换流器的常见设计方案

速）时无法将能量馈入电网。

图 4-9(b) 所示的方案，发电机侧的变流器采用可控整流。其优点是可以有效保证直流侧电压，防止过载。但是具有和不可控整流方案一样的缺点。

图 4-9(c) 所示的方案，发电机侧的变流器采用可控整流＋Boost 升压电路。电机侧变流器将永磁同步发电机输出的频率变化的交流电整流为直流电，经过 Boost 电路升压后，再经电网侧变流器逆变为与电网频率相同的交流电。其优点是能将低风速时的电能馈入电网；缺点是需要较大尺寸的电感、电容，而且升压管要承受高压。

图 4-9(d) 采用“二极管整流＋升压斩波＋PWM 逆变”的结构，将电压和频率不稳定的交流电转化为符合并网要求的交流电，完成风力发电机组的并网。经过对 1.5MW 全功率风力发电变流器进行全面的试验，可以得出效率（斩波器＋并网逆变器）大于 97%，网侧功率因数大于 0.99。

该变流器采用交-直-交三电平电压型主电路，呈控制电流源特性，容易并联，易于大功率化组装，网侧电流正弦化，可以软并网，对电网无冲击，无谐波污染，广泛用于风力发电机组中。兆瓦级大功率直驱型并网变流器采用多单元并联结构，单个单元的主电路采用交-直-交电压型结构。各个单元采用载波移相多重化技术，无需额外增加滤波器，便能使网侧电流总谐波小于国标 5%的要求。

主电路主要由发电机侧滤波器、六相或三相整流器、整流输出电容器组、三重升压 Boost 变换器、制动单元、逆变侧滤波容器、双重并网逆变器、逆变输出平衡电抗器、滤波器、升压变压器等组成。

在二极管整流器后有一个 DC/DC Boost 升压环节。通过 Boost 升压稳压环节，可以很好地将逆变器直流母线电压提高并稳定在合适的范围，即不管二极管整流器的输出直流电压变化多大，通过 Boost 升压稳压电路后，逆变器的输入直流电压基本稳定，使逆变器的调制深度范围好，风轮转速范围宽，提高运行效率，减小损耗。通过增加这个环节，可以解决风力较小时发电机输出电压低，却能保证直流母线电压的稳定问题，从而使 PWM 逆变器保持良好的运行特性。同时，Boost 升压稳压电路还可以对永磁同步发电机输出侧进行功率因数校正。可以看出，整个系统通过增加一级 Boost 升压稳压电路，将直流输入电压等级提高了。

由于整流器的非线性特性，输入侧电流特性畸变很严重，谐波含量比较大，会使发电机功率因数降低，发电机转矩发生振荡。因此，必须通过功率因数校正技术，改变开关器件的占空比，使发电机输出电流保持为正弦波，并保持与输出电压的同步。采用 PWM 可控整流技术，可以很好地处理发电机端的交流电压不稳、谐波较大和直流侧电压变化大的问题，是最具发展前途的主电路结构方式。

该系统控制简单，控制方法灵活，开关器件利用率高，逆变器具有输入电压稳定、逆变效果好、谐波含量低、经济性好的优点。在实际应用中，大功率直驱型控制系统中多采用这种结构。

直驱型风力发电机组并网变流器中的功率半导体器件（IGBT）一般采用水冷散热技术，机器外部设有循环系统。1.5MW 的变流器需要约 50kW 的散热功率，才足以把功率器件损耗产生的热量数发出去。

三、永磁直驱风电机组并网启动过程

如图 4-10 所示，变流器在得到并网命令后，首先以预充电回路对直流母线进行限流充电，在电容电压提升至一定程度后，电网侧主断路器和定子侧接触器闭合，而后电网侧变流器和机组侧变流器开始调制，接着开始对机组进行转矩加载，并调整桨距角进入正常发电状态。

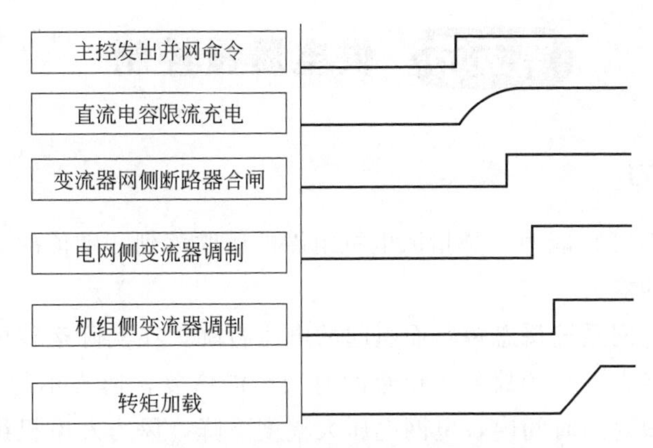

图 4-10 永磁直驱风电机组并网启动过程

图 4-10 与图 4-7 相比较，永磁直驱风电机组在并网过程中不存在"同步"阶段，在发电机连接到电网的整个过程中，通过发电机和变流器的电流均在系统控制之下。

双馈机组的同步化，是以电网三相交流电压和发电机定子三相交流电压的幅值、频率、相位、相序的吻合来实现的，这个过程需要通过控制发电机来进行，而发电机是一个复杂的、多变量的、非线性的机电系统，所以对它的控制具有一定的难度。

永磁同步全功率风电机组通过调节发电机转矩，来控制发电机向变流器直流环节输送电能，发电机侧变流器工作于 PWM 整流状态，结合机组特性，使发电机的稳定工作点位于期望的功率曲线上。永磁发电机输出端电压在不同负荷时会产生很大变化，因而发电机侧变流器在调节发电机扭矩的同时，也要根据实际的发电机端电压来承担整流调压工作，保证直流环节电压的相对稳定。

机组的网侧变流器工作于 PWM 逆变状态，将直流电压逆变为与电网电压吻合的三相交流电压，向电网输送直流环节的能量，同时向电网输送指定的无功功率的能量。任一时刻，如果网侧变流器输送的能量和电机侧变流器输送能量相等，则直流环节的电压相对稳定，否则会有一定的直流电压波动。直流电容的容量大小体现了直流环节的能量缓解冲击能力，网侧变流器在工作时，必须实时监视直流电压的波动情况，随时做出相关调整。

在并网启动指令发出到转矩加载的过程中，机组应通过变桨执行机构的调节作用，使发电机转速基本稳定，这样发电机定子端电压的相位、频率和幅值也就保持了基本稳定。

全功率变换方式的风电机组，其并网方式大致是相同的，本节的内容不但适用于采用永磁直驱发电机的风电机组，也适用于采用无刷励磁同步发电机的风力发电机组。

习　题

1. 叙述永磁直驱风电机组无冲击并网的过程。
2. 叙述直驱式风电机组并网换流器的常见设计方案。

第五节　供电质量控制

一、低电压穿越能力

低电压穿越（LVRT）能力，是指风电机组端电压跌落到一定值的情况下能够维持并网运行的能力。

风电场一次系统图

电网系统瞬态短路而引起的电压暂降，在实际运行中是经常出现的，而其中绝大多数的故障在短暂的时间内能恢复，通常不超过 0.8s，即重合闸。在这短暂的时间内，电网电压大幅度下降，风力发电机组必须在极短时间内调整无功功率来支持电网电压，从而保证风电机组不脱网，避免电网内风电成分的大量切除而导致的供电质量恶化。

我国现行的 GB/T 19963—2016《风电场场接入电力系统技术规定》的（图 4-11）要求：

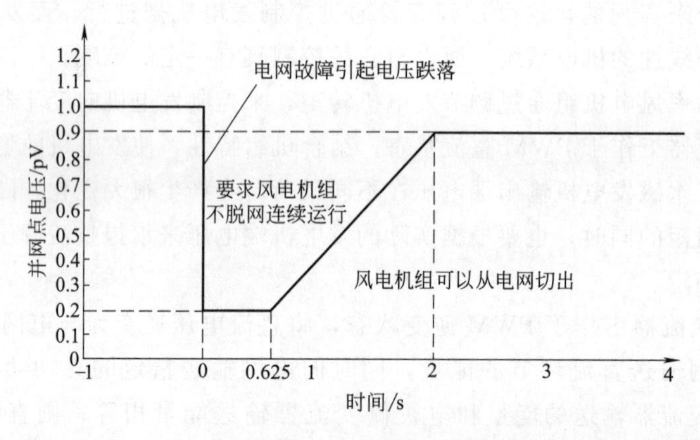

图 4-11　GB/T 19963—2016《风电场场接入电力系统技术规定》中的要求

① 风电场并网电压跌至 20%额定电压时，风电机组保证不脱网连续运行 625ms；

② 如果风电场并网电压在发生跌落后 2s 内能够恢复到额定电压的 90%，风电场内的风电机组能够保证不脱网连续运行。

1. 定桨恒速风电机组

当定桨恒速风电机组的电网接入点电压下降或发生瞬时跌落时，异步发电机的机械转矩大于电磁转矩，发电机转差率增大。当机端电压不低于允许下限时，异步发电机有能力达到新的机械转矩，与电磁转矩平衡状态。当系统电压下降幅度超过相应值时，异步发电机将没有能力重新使机械转矩与电磁转矩平衡，发电机转速将不断增加。如果电网电压不能在一定时间内恢复正常，上述平衡状态将无法恢复，风电机组将退出运行。风电场中大量的机组同时切出，可能会危及电网的功率稳定。一旦电网电压恢复正常，大量风电机组同时启动，会从电网吸收大量的无功功率。如果定桨恒速风电机组容量占当地电网的相当比例，可能会影响电网电压的稳定性。图 4-12 为笼式异步发电机暂停稳定性分析。

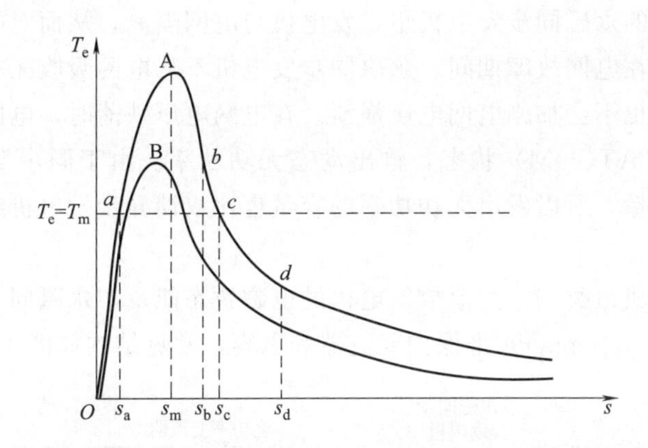

图 4-12 笼型异步发电机暂停稳定性分析

2. 变速恒频风电机组

在电网电压大幅度下降时，双馈异步风力发电机组发电机电磁转矩变得非常小，工作在低负载状态双馈异步风力发电机组，定子磁链不能跟随电压突变，会产生直流分量，而转速由于惯性并没有显著变化，较大的转差率导致了转子线路的过电压和过电流。本质上，电网电压下降，导致发电机定子侧能量传输能力下降，因而需要在转子侧加设暂态能量泄放通道来保护设备，通常为 Crowbar 保护电路或直流泄放保护电路（Chopper）。有源 Crowbar 保护电路的常见结构如图 4-13 所示。

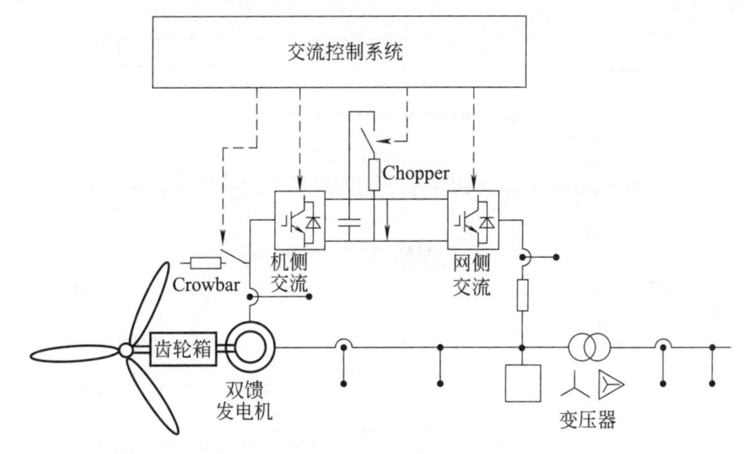

图 4-13 有源 Crowbar 保护电路的结构

当电网电压大幅度下降时，双馈异步发电机呈现出电感特性，从电网吸收大量的无功功

双馈异步发电机组的有源Crowbar保护电路

率，如果没有无功功率的补充，将加剧电网电压的崩溃。这样在有功功率基本为零的情况下，双馈异步风电机组被要求发出无功功率以支撑电网电压，即在短暂的瞬态表现为无功调相器，在电网电压恢复后，风电机组也恢复原有发电状态。暂态过程中，风电机组发出无功功率的能力，主要取决于电压水平、发电机的特性参数和电机侧 IGBT 桥的最大允许电流。

3. 永磁同步风电机组

对于全功率变换的永磁同步发电机组，发电机与电网隔离，从而对电网故障的适应性完全由变流器来实现。在电网故障期间，永磁同步发电机不从电网吸收无功功率，因而在不进行无功补充的情况下也不会加剧电网电压崩溃。在电网电压跌落时，电网侧变流器可工作于静止同步补偿器（STATCOM）状态，输出动态无功功率。由于同步发电机组所配备的变流器容量等同机组容量，所以发出无功功率的容量也比双馈异步发电机组更大，更有利于电网电压的恢复。

与双馈异步发电机组类同，为泄放发电机的电磁暂态能量，永磁同步发电机组通常在变流器侧加设泄放电路（chopper）来保护变流器和电容，常见结构如图 4-14 所示。

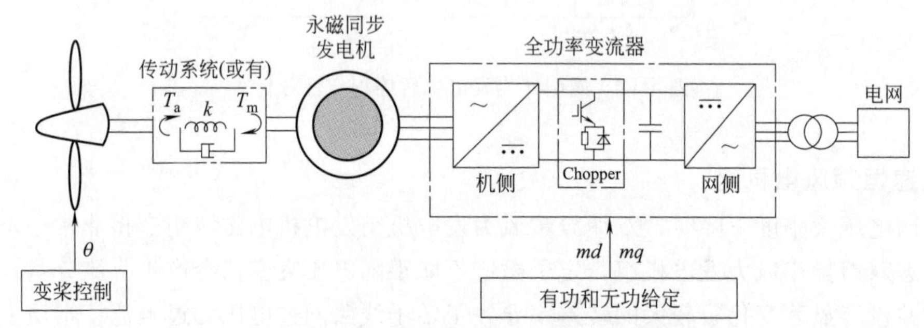

图 4-14 永磁同步发电机组的直流侧泄放保护电路

图 4-15 是电网低电压跌落过程中，风力发电机组输出有功功率和无功功率的变化过程。在电网电压恢复后，系统能很快恢复正常运行时的有功功率和无功功率，其中无功功率在电

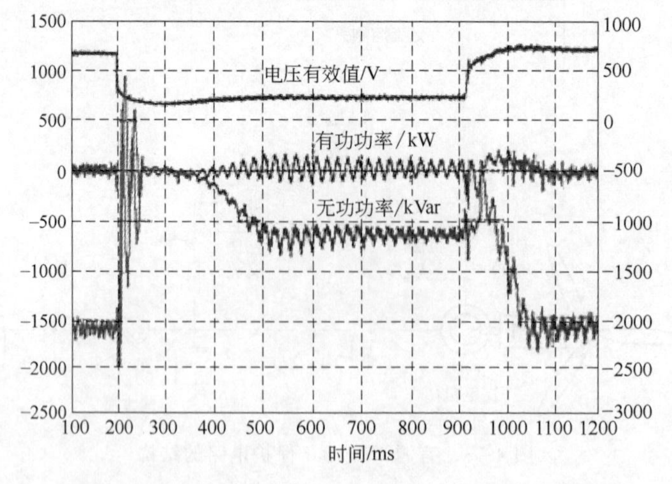

图 4-15 低电压穿越过程中的有功功率-无功功率控制

压恢复后仍能保持短时支持电网电压。有功功率一般以固定斜率恢复，这是因为过快恢复容易引起机组传动系统振荡，过慢则影响电力系统的有功功率平衡。

风力发电机组为实现低电压穿越，机组的变距系统和主控制系统都要做特殊的控制设计，以防止风轮超速和控制失效。

二、风电场无功功率的控制

为了实现电网电压稳定和风力发电机组本身的稳定运行，需要风力发电机组具备无功功率调整的能力，因此对于机组控制性能也提出了更高的要求，既要考虑风力发电机组本身的特殊设计和容量，也要考虑变压器和电缆等能量传输设备的容量和风电场的控制能力。

在大量风电并网时，电网电压容易引起波动，而传统的电容器组投切方式不能很好地起到保持电压稳定的作用。在风电场中，未来的趋势是使用基于电力电子技术的静态无功补偿设备作为主要无功调节设备。从长远来看，当局部电网接入大量风电时，为维持电网电压的稳定，不仅应有大量的容性无功后备容量，也应配置一定的感性无功后备容量。

虽然风电场配电站一般都具备？载调压、补偿电容器组或静止无功补偿器，但从控制速度和控制效果而言，在风电机组中直接进行无功调整对于电压稳定的影响是最直接的。风电场的调控设备在总体上保证对电网输出的电能质量。如果在局部电网中，风电的比例较高，那么对于风电场的动态调控和在紧急情况下处理能力的要求将成倍增加。通常认为风电场的穿透功率极限在10%左右，即风电在局部电网容量中超过这一比例时，将无法保证电网的稳定，但这也取决于局部电网的特性和控制能力。

目前GB/T 19963—2011《风电场接入电力系统技术规定》中提出的具体要求如下。

1. 无功电源

风电场应具备协调控制机组和无功补偿装置的能力，能够自动快速调整无功总功率。风电场的无功电源包括风电机组及风电场无功补偿装置。首先充分利用风力发电机组及分散式无功补偿装置的无功容量及其调节能力，仅靠风力发电机组的无功容量不能满足系统电压调节的需要，须在风电场集中加装无功补偿装置。

风电场无功补偿装置，能够实现动态的连续调节，以控制并网电压，其调节速度应能满足电网电压调节的要求。

2. 无功容量配置

对于直接接入公共电网的风电场，其配置的容性无功容量，能够补偿风电场满发时场内汇集线路、主变压器的感性无功及风电场送出线路的一半感性无功之和，其配置的感性无功容量，能够补偿风电场自身的容性充电无功功率及风电场送出线路的一半充电无功功率。

对于通过220kV（或330kV）风电汇集系统升压至500kV（或750kV）电压等级，接入公共电网的风电场群中的风电场，其配置的容性无功容量，能够补偿风电场满发时场内汇集线路、主变压器的感性无功及风电场送出线路的全部感性无功之和，其配置的感性无功容量，能够补偿风电场自身的容性充电送出线路的全部充电无功功率。

风电场无功容量范围在满足上述要求下，可结合每个风电场实际接入情况，通过风电场接入电网专题研究来确定。

3. 试验

风电场投运前，应完成无功控制系统控制指令核对工作，并完成无功控制系统开环试验。当接入同一并网点的风电场装机容量超过 40MW 时，需向调度机构提交场内测试报告（包括无功控制系统性能指标），调度机构审核后，风电场应申请无功控制系统闭环试验，并协同调度机构完成闭环实验。当累计新增装机容量超过 40MW 时，需要重新提交正式检测报告并试验。

风电场全场的调节精度和调节速度，应满足相关技术规定。

4. 风电场常用无功补偿设备

(1) 静止无功补偿器（SVC）

静止无功补偿器（SVC，Static Var Compensator）是近年发展起来的一种动态无功功率补偿装置。它的特点是调节速度高，运行维护工作量小，可靠性较高。

静止无功补偿基于电力电子技术及其控制技术，将电抗器与电容器结合起来使用，能实现无功补偿的双向、动态调节。

实际上，SVC 是一类设备的统称，常见的几种基本形式如图 4-16 所示。

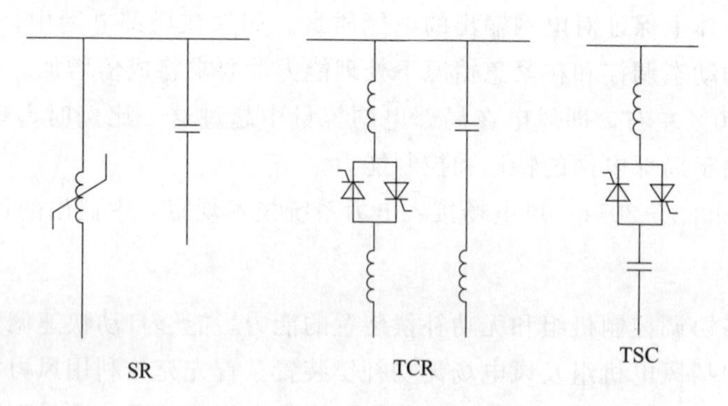

图 4-16 典型 SVC 结构示意图

① 饱和电抗器（SR，Saturated Reactor） 具有饱和电抗器的静止补偿器，是由一台饱和电抗器 L_S 和一组并联电容器 C 组装而成。电抗器的饱和电压高于正常运行电压区域。运行电压越高，电抗器越饱和，它所吸收的无功功率也就越大。这种补偿器的具体结构要比图 4-16 中所示复杂得多。

具有饱和电抗器的静止补偿器，结构简单，运行可靠性较高，而且不需要特殊的维护。主要元件如电抗器、变压器、电容器，都是标准化的产品。

这种补偿器的缺点是，对于系统运行方式变化的适应性不如 TCR 等形式，它的有功损耗也比后者要大。由于铁芯处于高饱和状态，噪声大，需采取隔离措施。

饱和电抗器对吸收无功功率具有固有的过负荷能力（可达到 3～4 倍），适合用来控制瞬时过电压。

② 晶闸管可控电抗器（TCR，Thyristor Controlled Reactor） 晶闸管控制的电抗器，

简称可控电抗器，是目前 SVC 应用最广泛的一种形式。TCR 是用晶闸管去控制线性电抗器在一个周期内的作用时间，从而改变电抗器在整个周期内的平均作用效果，以实现连续的无功调节。图 4-17 是 TCR 型 SVC 成套装置。

图 4-17 TCR 型 SVC 成套装置

晶闸管可控电抗器一般与电容器并联，形成静止无功补偿器，可以使 SVC 调节范围增大到容性区。这种装置通过电容器的分组投切，可提供不连续的容性无功功率；通过晶闸管控制的电抗器，可提供连续的感性无功功率。电容器通常串接一定量的电抗，实现滤波作用，因为补偿器工作在感性模式时，会产生大量谐波。

这种 SVC 的响应时间大约在 1～2 个周期。在设计上，通常保证能够短时间提供比长期稳态运行大得多的无功输出，以提供紧急情况下的无功补偿。

③ 晶闸管投切电容器（TSC，Thyristor Switched Capacitor） 晶闸管投切电容器的控制原理，与晶闸管控制电抗器的原理类似，是用晶闸管去控制电容器在一个周期内的作用时间，从而改变电容器在整个周期内的平均作用效果，以实现连续的无功调节。晶闸管投切电容器对系统无干扰，而且不会缩短电容器的寿命，但无功功率的补偿是阶跃的，并且电容器开断时有残余电荷，下次投入时要考虑残余电压，响应速度差，降低闪变能力不足。

各种 SVC 的共同优点是，成本不是很高，比 STATCOM 要低一些。共同缺点是含有较多的无源器件，体积和占地面积都比较大；工作范围较窄，无功输出随着电压下降而下降更快；本身对谐波没有抑制能力，TCR 型本身还会产生大量低次谐波，需要额外的滤波器，一般常用无源滤波器，也有用有源滤波器的情况。

(2) 静止同步补偿器（STATCOM）

随着 GTO、IGBT、IGCT 等全控型电力电子器件的快速发展，无功补偿设备的原理、构造及特性正在发生巨大的变化。基于全控器件实现的静止无功发生装置（SVG，Static Var Generator），具有控制特性好、响应速度快、体积小、损耗低等系列优点，并已开始在工业现场获得推广应用。

STATCOM 的主电路一般都由电压源型逆变器（VSI）和直流电容组成，如图 4-18 所示。逆变器常常通过变压器与电力系统连接，逆变器的输出电压 U_i 与电力系统电压 U_s 始

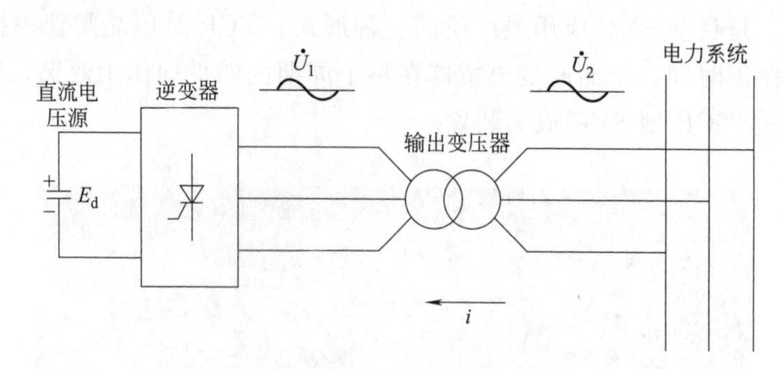

图 4-18 STATCOM 的基本构成

终保持频率相同。通过 U_i 大小的调节，可控制加在中间变压器上的电压的大小与方向，进而可以实现无功吸收与补偿的控制。

STATCOM 以可控电压源的方式实现无功功率的动态补偿，与传统 SVC 相比，具有一系列优点。

① STATCOM 具有更好的出力特性。SVC 在系统电压较低时，表现为电容器的特性，即无功随电压的降低按平方关系下降，而 STATCOM 则在低电压时，表现为定电流特性，因而无功功率只随电压的降低按一次方关系下降。

② STATCOM 采用 PWM 控制，具有更快的响应特性。

③ STATCOM 中，无功调节不是通过控制容抗或感抗的大小实现的，因而无需直接与系统连接的电容器或电抗器，不存在系统谐振问题，而且大大减小了设备的体积。对典型设备的比较表明，相同容量的 STATCOM 体积约为 SVC 的 1/3。

④ STATCOM 具有有源滤波器的特性，甚至可以用于需要有源滤波的场合。

三、风电场有功功率的控制

定桨距恒速风电机组不能控制自身的有功功率输出，因而在由于风况变化而引起有功功率输出变化时，只能依赖电力系统的频率调整装置进行电网频率调节。具备变桨系统的风电机组，可以控制风轮吸收的机械功率，从而有能力控制自身有功功率的输出，但也是以损失发电量为代价。根据国际电工标准的要求，变速恒频风电机组应具有 20%～100%额定功率范围内有功功率的连续调节能力。

在一次调频时域范围内，风场中大片区域内的风力发电机组与其风电功率波动的相关性是很小的。对于一次调频来说，相对于常规发电厂跳机的影响，风电功率短时波动完全可以忽略不计。

二次调频主要是在大的功率失衡出现后，保证在每个控制区内的功率平衡恢复到所编排的发电计划中的约定值。二次调频是通过每个控制区内的中央 AGC（Automatic Generation Control，自动发电控制）来自动控制的，其动作时间从几十秒到 15 分钟次调频，又称 15 分钟，通常是由控制区内的调度手动调节，来替代二次调频，这样被占用的二次调频备用容量可重新供应。

GB/T 19963—2016《风电场接入电力系统技术规定》中也已经对风电场有功功率调整提出了明确的要求。

（1）基本要求

当风电场有功功率在总额定出力的20%以上时，场内所有运行机组应能够实现有功功率的连续平滑调节，并能够参与系统有功功率控制。

（2）最大功率变化量

风电场有功功率变化包括1min有功功率变化和10min有功功率变化。在风电场并网以及风速增长过程中，风电场有功功率变化应当满足电力系统安全稳定运行的要求，其限值应根据所接入电力系统的频率调节特性，由电网运营企业和风电场开发运营企业确定。

（3）紧急控制

在电力系统事故或紧急情况下，风电场应根据电力系统调度机构的指令，快速控制其输出的有功功率，必要时可通过安全自动装置，快速自动降低风电场有功功率或切除风电场，此时风电场有功功率变化可超出电力系统调度机构规定的有功功率变化最大限值。

① 电力系统事故或特殊运行方式下要求降低风电场有功功率，以防止输电设备过载，确保电力系统稳定运行。

② 当电力系统频率高于50.2Hz时，按照电力系统调度机构指令降低风电场有功功率，严重情况下切除整个风电场。

③ 在电力系统事故或紧急情况下，若风电场的运行危及电力系统安全稳定，电力系统调度机构应按规定暂时将风电场切除。

风电场有功功率控制模式和试验有以下规定的控制模式。

① 限值模式　此模式投入时，风电场有功控制系统应将全场输出功率控制在预先设定的或调度机构下发的限值之下，限值可分时间段给出。

② 调整模式　此模式投入时，风电场有功控制系统应立即将全场输出功率按给定的斜率调整至给定值（若给定值大于最大可发功率，则调整至最大可发功率），当指令解除时，有功控制系统按给定的斜率恢复至最大可发功率。

③ 斜率控制模式　此模式投入时，风电场有功控制系统应将功率上升（或下降）斜率控制在给定值之内，风速变化引起的风电场切入、切出及故障等情况除外。

④ 差值模式　此模式投入时，风电场有功控制系统应以低于预测最大可发功率 P 的输出功率运行，差值 ΔP 为预先设定值或调度机构下发值。

⑤ 调频模式　此模式投入时，风电场在差值模式的基础上，根据系统频率或调度机构下发的调频指令，调整全场输出功率。

风电场有功控制系统的模式选择，既可现场设置，亦可在调度机构远端投入，各种模式既可单独投入，亦可组合投入。模式的投入、退出，以调度机构下发的自动控制信号及调度指令为准，调度规程规定的可不待调令执行的除外。

习　题

1. ____________是指风力发电机组端电压跌落到一定值的情况下，风电机组能够维持并网运行的能力。

2. 我国现行的 GB/T 19963—2016《风电场接入电力系统技术规定》，对风电场低电压穿越能力是怎样规定的？

3. 风电场常用无功补偿设备有哪几种？

4. 叙述静止同步补偿器（STATCOM）的基本构成及优点。

5. 风电场有功功率控制模式有几种？分别是什么？

参考文献

[1] 叶杭冶.风力发电机组的控制技术.北京：机械工业出版社，2015.

[2] 王春，班淑珍.风力发电机组控制技术及仿真.北京：化学工业出版社，2016.

[3] 霍志红.风力发电机组控制.北京：中国水利水电出版社，2014.